知の扉シリーズ

科学はなぜわかりにくいのか

現代科学の方法論を理解する

吉田伸夫

技術評論社

はじめに

話は四半世紀ほど前に遡る。

ある大学で「科学史」の講義を担当することになった私は、テーマ選びに悩んでいた。物理学をそれほど深く学んでいない工学部の学生が相手なので、量子論や相対論の歴史を解説しても、深い理解にはつながらないだろう。さりとて、ニュートンやマクスウェルの業績の紹介では、ただの昔話と嫌われそうだ。

そこで、子供向けの学習雑誌などでも特集され始めていた「恐竜絶滅の小惑星衝突説」を取り上げ、この新しい学説がどのように生まれたかを軸に授業を組み立てようと思いついた。そのためには、まず原論文に目を通しておく必要がある。早速、アルヴァレズらの論文を入手して読み始めたのだが、あまりの面白さに我を忘れた。従来とは全く異なる学説を学界に受け容れさせるために、さまざまな方向から精緻な議論を展開していたからである。この論文の中に、科学のエッセンスが詰め込まれている——そう感じて、論文の抜粋に注釈を付けた教材を自作し、前史とその後の展開を加えた半期の授業を行った。

一つの論文だけを取り上げて「科学史」の授業をすることに、ためらいがなかったわけではないが、大学生の時に受講した弓削達先生の「西洋史」が参考になった。歴史と言えば、過去に何があったかという事実の羅列だと思っていた私にとって、歴史的な出来事にほとんど言及せず、過去の痕跡からいかにして情報を取り出し歴史を再構成すべきか、一年がかりで説明する授業内容は、斬新かつ刺激的だった。

「科学を方法論として捉え、その手法を具体的な論文に基づいて解説する」という本書の基本的な骨格は、こうした体験に根ざして生まれてきたものである。

吉田 伸夫

第1章

科学者はなぜ見てきたように語れるのか

現代科学は、夢を抱くには難解すぎるものになってしまったようだ。

宇宙が百数十億年前のビッグバンで始まったとか、物質を構成するクォークという素粒子は決して単独で取り出すことができないとか、どうしてそんなことがわかるのか不思議に思える話を、科学者たちは得々として語る。

ビッグバンやクォークがどんなものかを示す確実な証拠があるのかと問うても、宇宙空間に漂うかすかなマイクロ波のエネルギー分布や、高速で電子をぶつけたときの陽子の壊れ方のパターンといった、いったい何の証拠になるのかもわからないデータを示されるだけだ。そんな間接的なデータが、どうして宇宙の歴史や物質の構造を解き明かす鍵になるのだろうか。

一般の人にとって、科学とは、根拠も定かでないのに、いつの間にか正当性が確立された教科書的な知識の集積に思えるかもしれない。ビッグバンやクォークについては、よくわからないが、権威とされる科学者が言っているのだから、その通りなのだろう。

学生時代には、試験対策として、用語や公式を棒暗記した人も少なくないだろう。鎖式炭化水素は、軽いものから順にメタン、エタン、プロパン、ブタン…。ドップラー効果の公式は、観測者と音源の速度と音速を使って…。科学がこのような「正しい知識の体系」だとすると、その進歩は、新たな科学的事実を誰かが〝発見〟し、既存の体系に付け加えていく過程だということになろうか。

しかし、こうした見方に対して、科学研究をなりわいとする人々は、苦笑せざるを得ないだろう。科学の最先端で働く科学者にとって、既存の科学が正しい知識の体系であるならば、自分たちが業績を上げる余地はほとんどなくなるのだから。

例えば、アマゾンの奥地で新種の蝶が発見された場合、生物種のリストに新たに付け加えられる立派な仕事ではあるものの、科学史上の発見として評価されることはない。これに対して、生物が少ないと見られていた深海の熱水噴出孔付近でチューブワームのような未知の生物が群生することが見つかったときには、新たな生物種の発見というだけでなく、従前の進化論の基礎を揺るがす大事件と見なされた。チューブワームがどのように進化し環境に適応したかを説明するために、新たな学説が必要とされたからである。

あるいは、新しく合成された有機素材の物理的性質を調べて、その性質を報告するだけでは発見とは言えないが、それまで絶縁体と思われていたプラスチックが高い伝導度を持つ素材だと判明すると、有機素材の電気化学的性質についての学説を修正する新発見となる。

科学史上に残る重要な「科学的発見」は、体系に新たな知識を付け加えることではない。学説体系そのものを変革する作業である。あるいは、科学とは、誰もが認めるべき「正しい知識の体系」ではなく、新たな発見によって学説が修正され体系が作り直されていくダイナミックな知のシステムだと言っても良いだろう。

学説の可変性と信頼性

科学的な学説は、膨大な体系を構成する。その中には、多くの実験・観測で検証が行われ、確実性がきわめて高い部分もある。この部分が、学校の教科書に掲載されるような、いわゆる「科学的知識」である。しかし、あまり変更されない安定した中核部分に比べると、周辺領域は可変性がかなり大きい。既存の学説はあくまで暫定的だと見なされ、それでは説明のつかない現象が見いだされると、即座に修正の手が加えられたり、新たな学説に取って代わられたりする。学説の修正・交代が今まさに行われつつある領域が、「科学の最先端」と呼ばれる分野である。最もアクティブな科学者は、この分野で仕事をすることが多い。

科学の進歩とは、最先端分野の学説が修正・交代を通じて練り上げられ、しだいに確実性の高い「定説」になっていく過程である。変更の余地があまりない定説が確立されると、アクティブな科学者は関心を失うことが多い。彼らが「生きた科学」と感じるのは、次々と書き換えられていく最先端だけである。

科学の最先端は、まさに戦場である。学説の優劣を巡って多くの科学者が激論を繰り広げ、実験や観測のデータをもとに勝敗を決める。学界の大御所によるご託宣ではなく、優勝劣敗の戦いを経て確実性が高いと認められた学説が定説となるからこそ、科学は信頼できるのである。

こうした見方に対して、疑問を呈する人がいるかもしれない。例えば、相対論や進化論のような定説に批判的な人が、その欠陥を指摘し新たな考え方を提案しても、最先端研究に従事する科学者たちは、直ちに論駁するはずだ。その反応があまりに素早いので、頭の中が定説に凝り固まった頑迷固陋の輩に見えることもあろう。確かに、そうした科学者も一部に存在する。だが、多くの科学者は、定説が確立するまでの間にどれほどの議論が繰り返されたか、実験・観測のデータが積み重ねられてきたかについての知識がある。一般の人が思いつくような批判は、すでに何度も議論され、データによって反証されてきたのである。砲弾の下をくぐってきた歴戦の勇士に水鉄砲を向けるようなもので、即座に論駁されるのは当然である。

社会学や哲学などの分野でも、学者同士が議論を戦わせることはある。だが、自然科学以外の分野では、往々にして、論争に決着が付かず、いくつもの学説が併存する状況が続く。人気のなくなった学説がしだいに省みられなくなることはあっても、何らかの客観的データに基づいて学説の優劣が判定され、論争に決着が付くことはあまりないように見える。それに対して、科学（ここでは、物理学や生物学などの自然科学を想定しており、数学や経済学は含めない）においては、決定的なデータがなかなか得られず決着までに時間が掛かる——場合によっては、半世紀以上も論争が続く——ことはあっても、最終的にデータによって学説の優劣が客観的に決定できると期待される。これが、自然科学とそれ以外の学問の最も大きな違いだろう。

自然科学の方法論

科学の最先端分野では、いくつかの学説が、定説の座を巡って争いを繰り広げる。このとき、各学説を研究する科学者の間で、学問的な方法論が全く異なっていたのでは、学説の優劣を検討することができない。共通の土俵で争えるように、論争のルールを定めておく必要がある。

学説の優劣は、大ざっぱに言って、次のようにして決められる。対立するいくつかの学説があるとき、まず、それぞれの学説からどのような帰結が導かれるかを調べる。その上で、こうした帰結が、客観的なデータと整合的かどうかを検証していく。あるデータだけから、特定の学説の正当性が決定づけられることは、稀である。通常は、データが積み重ねられることによって漸進的に優劣がつけられ、少しずつ学説が淘汰されていく。

科学的な学説と言っても、理論形式が隅々に至るまで完全に定まっているわけではなく、いろいろな不定性を内包している。オリジナルな学説と矛盾するデータが見つかったとしても、何らかの仮定を置くことでデータと適合するように調整できる場合が少なくない。このため、あるデータによって他の学説が全て淘汰され、正しい学説が一つだけ残ることは、それほど多くない。データに適合させるための仮定に無理がないかどうかが検討され、よりもっともらしい学説への絞り込みがなされる。

実際には、もう少し細かなルールが存在し、そのルールに従って研究が進められるのだが、いきなりこうしたルールについて説明しても、話が抽象的すぎてわかりにくいだろう。その前に、ある学説が定説になるまでの具体例を紹介することにしよう。

恐竜絶滅の小惑星衝突説

ここで取り上げるのは、恐竜絶滅の原因としての「小惑星衝突説」である。6600万年前の白亜紀末に恐竜がなぜ絶滅したか、19世紀から議論が続いていたが、提唱された学説はいずれも客観的な証拠に欠けており、定説となることはなかった。議論の様相が一変するのは、1980年に小惑星の衝突によって大型恐竜をはじめとする多くの生物種が絶滅したという説が提唱されてから。それ以降は、小惑星衝突説を中心に、他の学説との優劣を巡る論争が続けられた。今のところ、小惑星衝突説が最も有力で、ほぼ定説と言えるほど認められている。小惑星衝突説がいかにして（ほぼ）定説という座を獲得したか——そのプロセスを見ることによって、科学的方法論とは具体的にどのようなものかを明らかにできる。

恐竜の絶滅に関する学説史を取り上げる理由としては、多くの人がすでにある程度の予備知識を持っていること、論争の大勢が決しており科学史的な観点から俯瞰できることなどもあるが、特に重要なのは、学説の提唱者が、各界から批判されることを予想して、あらかじめ科学的方法論に則った大部の論文を書いていたことである。この論文一つを読めば、そこに、科学研究のスタンダードが見いだされる。

小惑星とは、太陽を周回する岩石天体のうち、惑星・準惑星と呼べないほど小さなものを指すが、中には直径が数百キロメートルに達し、人間のスケールから見るととてつもなく巨大な小惑星もある。その衝突によって恐竜が絶滅したという現在の定説は、子供向け学習雑誌などにも解説が掲載され、多くの人に馴染みだと思われる。しかし、この学説が何を根拠に提案され、学界でどのように受容されたかを知る人は少ないだろう。

この説が提案された時点では、まだ衝突跡のクレーターは特定されておらず、小惑星が衝突したことを直接的に示すデータはなかった。また、絶滅のパターンが天変地異を窺わせるかどうかもわかっていなかった。にもかかわらず、この仮説が提出されると、短期間のうちに学界で受容され、さまざまな後続研究が始まる（最初に受容されたのは地球物理学の分野で、古生物学界で受け容れられるには10年ほどを要した）。

「6600万年前に小惑星が衝突して、恐竜が絶滅した」——そんな途方もない話を、なぜ科学者は、見てもいないのに自信を持って語れるのか？ 論文の内容を見ることで、その理由を解き明かしていこう。

恐竜絶滅とは何だったのか

白亜紀末に、恐竜をはじめとする多数の生物種が絶滅した原因は何か。多くの人がこの謎に魅せられ、これまで、科学的・非科学的を問わず、さまざまな説が考案されてきた。大きく分けると、学説には2種類ある。全地球規模の外因性の破局（磁極の逆転、超新星爆発、大規模な火山噴火、隕石や彗星の衝突など）が起きて短期間に大絶滅が起きたという「激変説」と、生態系の変化や遺伝子欠陥の蓄積などの小さな変化が積み重なり、恐竜たちは次第に生存不適格になっていったという「漸変説」である。20世紀終盤になるまでは、どちらかと言えば、漸変説が学界（特に古生物学界）で主流をなしていたが、定説として支持される学説はなかった。

ところが、1980年にウォルター・アルヴァレズら4人がアメリカの科学誌Scienceに連名で発表した論文「白亜紀—第三紀絶滅を引き起こした地球外の原因」[1]は、恐竜絶滅に関する論争に決定的な影響を及ぼすことになる。この論文で、彼らは、6600万年前（原論文では6500万年前と記されているが、ここでは、国際層序委員会の採用する現行の数値を用いる）に地球に衝突した小惑星が、地球の気候を激変させて、大型恐竜やアンモナイトをはじめとする多数の生物種を絶滅に追い込んだと主張した。いささかSFめいたこの小惑星衝突説は、今や恐竜絶滅に関する最も有力な学説である。

恐竜の絶滅という出来事は、きわめて多岐にわたる一連の事態の一部であり、総合的な視点からの説明を必要とする。

かつては、恐竜は、脳が小さく図体がでかいトカゲの仲間と思われていた（恐竜を意味する英語dinosaurとは「恐ろしいトカゲ」という意味である）。恐竜は劣った生き物だという観点に立って、哺乳類が台頭してくると、生存競争に敗れて死に絶えたという見方も少なくなかった。だが、現在では、大型動物として、恐竜こそ史上最も成功した生物だと見なされている。

特に重要なのは、恐竜とその近縁種がきわめて多様化していた点である。大きさもニワトリ程度からクジラに匹敵するものまでさまざまで、翼竜や首長竜など恐竜とともに絶滅した大型爬虫類を含めると、生息域は陸海空に及ぶ。多数の草食恐竜と少数の肉食恐竜に分化し、営巣習慣のあるものや集団で狩りをするものもいた。鉤爪を持ち俊敏な足技で草食動物を倒したと推測されるヴェロキラプトルなど、一部の恐竜は、かなり知能が高かったと言われる。

このように多様性を持ち、多少の環境変化なら適応できたはずの恐竜とその仲間が、6600万年前に、いっせいに絶滅したのである。さらに、恐竜だけではなく、体重25キログラム以上の大型動物の全てと、アンモナイト、大半の二枚貝、多くのプランクトンも、同時期に絶滅している。しかし、哺乳類、鳥類（現在では、生き残った小型肉食恐竜が進化したものと考えられている）、カメなどの小型爬虫類は、絶滅を免れた。

アルヴァレズら以前には、こうした「選択的な絶滅」がなぜ起きたか、全くわからなかった。遺伝子の劣化や疫病の流行といった原因では、「なぜ、恐竜とアンモナイトが一緒に滅びて、鳥とカメは生き残ったのか」が説明できない。一方、超新星爆発や火山の大噴火が絶滅の原因だとする激変説は、「天変地異が起こったから多くの生物が滅んだ」といういささか直截的にすぎる議論しかできず、説得力が乏しかった。また、どの学説にも、裏付けとなる客観的なデータが欠けていた。

こうした中で、アルヴァレズらによる小惑星衝突説は、客観的なデータに基づき、選択的な絶滅を説明する理論として案出されており、説得力があった。恐竜絶滅に関する学説は、それ以前にも、あっと言う間に消えていく無数の〝泡沫理論〟が提出されてきただけに、いきなり「小惑星がぶつかって恐竜が滅びた」などとぶち上げようものなら、「またか」と黙殺されるのがオチである。アルヴァレズらも、論文を投稿するまで、かなり慎重に議論を繰り返したようだ。その結果、科学的方法論の粋を尽くした論文ができあがったのである。

論文の内容(1)—信頼できる観測データの提示

14ページというScience誌としては異例の長さを持つアルヴァレズらの論文では、その大半を使って、それまでの恐竜絶滅の学説には見られなかった、信頼できる観測データが提示された。

ここで提示されたのは、地質年代区分における白亜紀と第三紀（現在の細かくなった分類では、古第三紀）の境界に当たる地層に、イリジウム（白金族に属する重金属）が高濃度で含まれるというデータである。

隕石での含有率に比べると、地球の地殻や上部マントルに含まれるイリジウムの割合は、数十分の1しかない。隕石の場合、太陽系が形成された当時の元素組成が保持されているのに対して、地球では、初期のドロドロに溶けた時期に、比重の大きなイリジウムが中心部に沈み込んだため、こうした違いが生まれたと考えられる。各年代の地層に含まれるイリジウムの量を調べれば、地殻と隕石におけるイリジウム含有率の差に基づいて、宇宙から地球に降り注いだ塵の量を推定できる――アルヴァレズらは、もともとは、そうしたアイデアに基づいて、イリジウムの測定を始めたという。ところが、彼ら自身が驚いたことに、白亜紀―第三紀境界層に含まれるイリジウム量は、他の地層よりも遥かに多く、宇宙から降り注ぐ微量の塵によるものとは到底考えられなかった。

白亜紀末に恐竜を含む多くの生物が絶滅した事実と併せると、このイリジウムの異常は、「何か」が起きたことを示唆する。若手研究者ならば、慌てて論文を発表し、矢のような批判を浴びることになったろう。しかし、海千山千の科学者であるルイス・アルヴァレズ（当初、研究を主導していたウォルター・アルヴァレズの父親）を含む研究チームは、学説をより完全なものへと練り上げる道を選んだ。ルイスは、素粒子物理学への貢献でノーベル物理学賞を受賞したアメリカの実験物理学者で、原子爆弾の開発にも重要な寄与を行い、広島・長崎への投下の際には、観測機に搭乗して放射線などの測定を行った（このとき、パラシュートで投下した観測器の中に、かつて同僚だった日本人核物理学者に宛てて、日本政府に降伏の働きかけをするように呼びかける手紙を同封したことでも知られる）。

アルヴァレズらのチームがまず行ったのは、データを確実なものにすることである。イリジウムは試料中にごくわずかしか含まれないため、些細なミスで測定値が変動する危険がある。例えば、うっかりプラチナ製の指輪をはめた手で触れると、指輪の中に同じ白金族のイリジウムが高濃度で含まれているため、試料が汚染されて異常に高い測定値が記録されてしまう。そうしたミスを犯さないように、細心の注意が必要となる。

彼らは、当時の最先端技術である中性子励起法（試料に中性子ビームを照射し、高エネルギー状態になった原子核が放出するガンマ線を測定する方法）を用いることで、精度の高いデータを得た。

イリジウムの異常が恐竜絶滅と関係するならば、特定地域で起きた局所的な出来事ではなく、全地球規模の現象だと考えられる。アルヴァレズらは、イタリア・グッビオ近郊の地層とデンマーク・ステウンス断崖で調査を行い、どちらの地域でもイリジウムの濃縮が見られることを確認した。2つの地域での濃縮の度合いは、上下の地層と比べて、それぞれ30倍と160倍だった（ニュージーランドの試料を用いた測定では20倍だったが、まだデータが整理されていなかったので、論文には、詳しい説明抜きでこの数値だけが記された)。

論文の内容(2)—仮説演繹法に基づく議論

イタリア、デンマーク、ニュージーランドと、世界各地の白亜紀—第三紀境界層でイリジウムが高濃度になっているのはなぜか? この謎を説明するに当たって、アルヴァレズらは、最も典型的な科学的推論の形式である「仮説演繹法」を採用した。仮説演繹法とは、次のようなステップから成る:(1)まず、データを説明できる可能性のある仮説を考案する。(2)次に、「その仮説が正しい」と仮定したとき、どのような帰結が導かれるかを論理的に推論する。(3)こうして導かれた帰結とデータを比較することによって、仮説の正当性を検証する。仮説演繹法に基づく議論は、通常は、数多くの研究者が論争に参加して行うが、アルヴァレズらは、小惑星衝突説の説得力を増すために、オリジナル論文の中で、いくつもの仮説を検証している。

アルヴァレズらが小惑星以外の可能性として考察したのが、検出されたイリジウムが地殻ないし超新星に由来するという仮説である(**図1−1**)。

仮に、「境界層のイリジウムは地殻に由来する」と仮定すると、どんな帰結が導かれるだろうか?

地層が形成される際のさまざまな条件の差異によって、含有される元素の割合が地殻全体の平均値からずれることはあり得る。例えば、その時期の大気組成に応じて化合物が海水に溶け出す割合が変化する元素は、堆積層での含有率が地殻における平均値と違ってもおかしくない。そこで、アルヴァレズらは、何らかの原因で土壌成分が大量に流出し、その結果として、残されたイリジウムの濃度が相対的に上がったと仮定した。この場合、イリジウム以外の微量元素についても、濃度が上昇するはずである。そこで、ナトリウムやアルミニウムなど27種類の元素に関して、濃度の予測値と測定値を比較したところ、27種類全てで、測定値が予測値を大幅に下回るという結果を得た。この結果は、土壌の流出によって相対的にイリジウムの濃度が高まったのではないことを示す。

イリジウム以外の成分が流出するのではなく、イリジウムだけが濃縮する可能性については、濃縮を引き起こす化学的なメ

図1-1 | 仮説の考案

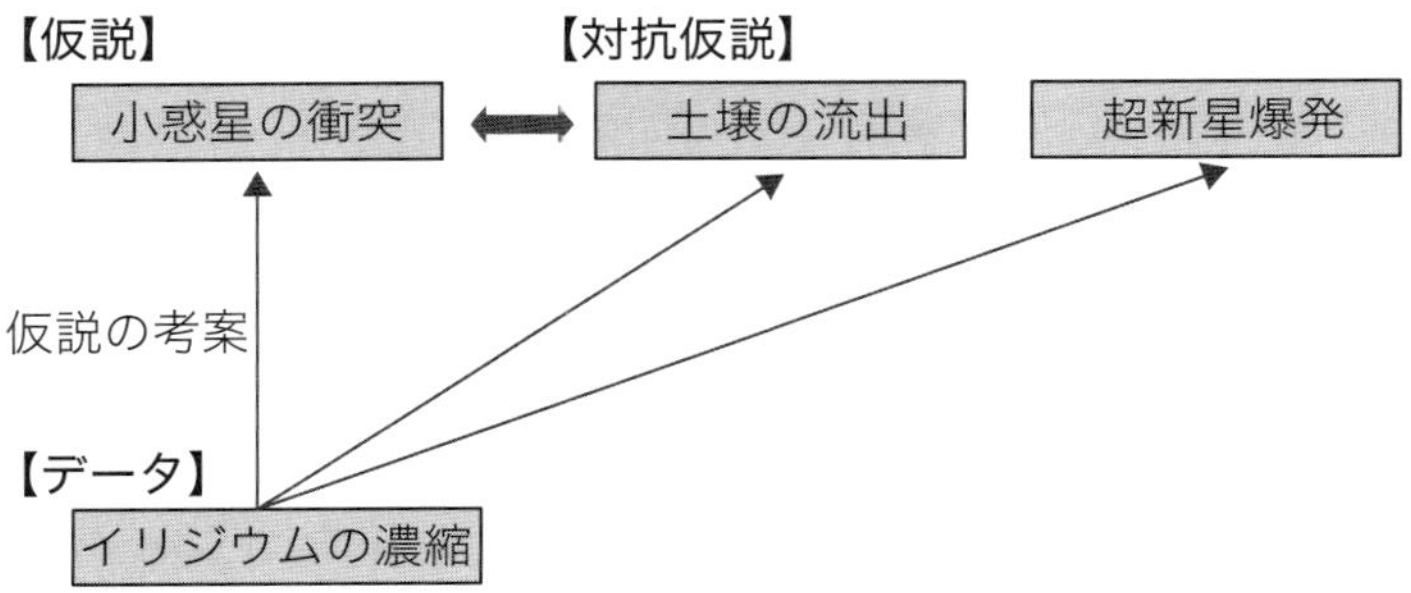

カニズムが存在しないことから、ほぼ否定される。

一方、境界層のイリジウムが隕石起源だと仮定すると、イリジウム以外の27種類の元素のうち、26種類に関して、予測値と測定値が統計的誤差の範囲内で一致した。唯一、ニッケルに関して予測値よりも有意に少ない濃度が測定されたが、これは、ニッケルの酸化物が海水中に溶けて失われると仮定すれば、説明できる。

以上の結果は、境界層に濃縮したイリジウムが地殻由来でないことをほぼ決定づける。

それでは、イリジウムが超新星由来だという可能性はないのだろうか? 超新星爆発は、質量の大きな恒星が主系列星としての寿命を終えた後に起こす大爆発で、このとき、通常の恒星内部の核融合ではできない鉄よりも重い元素が大量に吹き飛ばされる。太陽系の外側から物質が地球に運ばれてくる機会は、超新星爆発しかない(何光年も先から飛来した天体が地球にぶつかる可能性は、限りなくゼロに近い)。

境界層に見られるほど多量のイリジウムが地球に降り注ぐためには、超新星爆発は地球から0・1光年以内の近傍で発生する必要がある。天文学的な統計データから、これほど近い範囲で過去1億年の間に超新星爆発が起きる確率は、10億分の1程度と見積もられる。この確率の小ささに加えて、測定されたプルトニウムの同位体比が超新星爆発から予測される値と異なっていたことから、アルヴァレズらは、イリジウムの異常が超新星爆発によるものではないと結論した。

仮説演繹法に則った以上の議論によると、境界層のイリジウムは、地球表面からのものでも、太陽系外からのものでもない。したがって、太陽系内の天体から来たはずだというのが、アルヴァレズらの主張である（図1-2）。

実は、彼らが触れなかった抜け道がある。イリジウムが地球内部からもたらされたという可能性である。

イリジウムは比重が大きいために、下部マントルでは、地殻よりも遥かに高い濃度でイリジウムが存在する。ハワイのキラウエア火山のように、下部マントルからマグマが上昇してくるホットスポットの火山では、溶岩に多くのイリジウムが含まれる。白亜紀―第三紀境界層にイリジウムが高濃度で含有されるのは、この時期に大規模な火山噴火があった結果ではないかという推測も成り立つ。実際、インドのデカン高原には、6800万年から

図1-2｜仮説演繹法

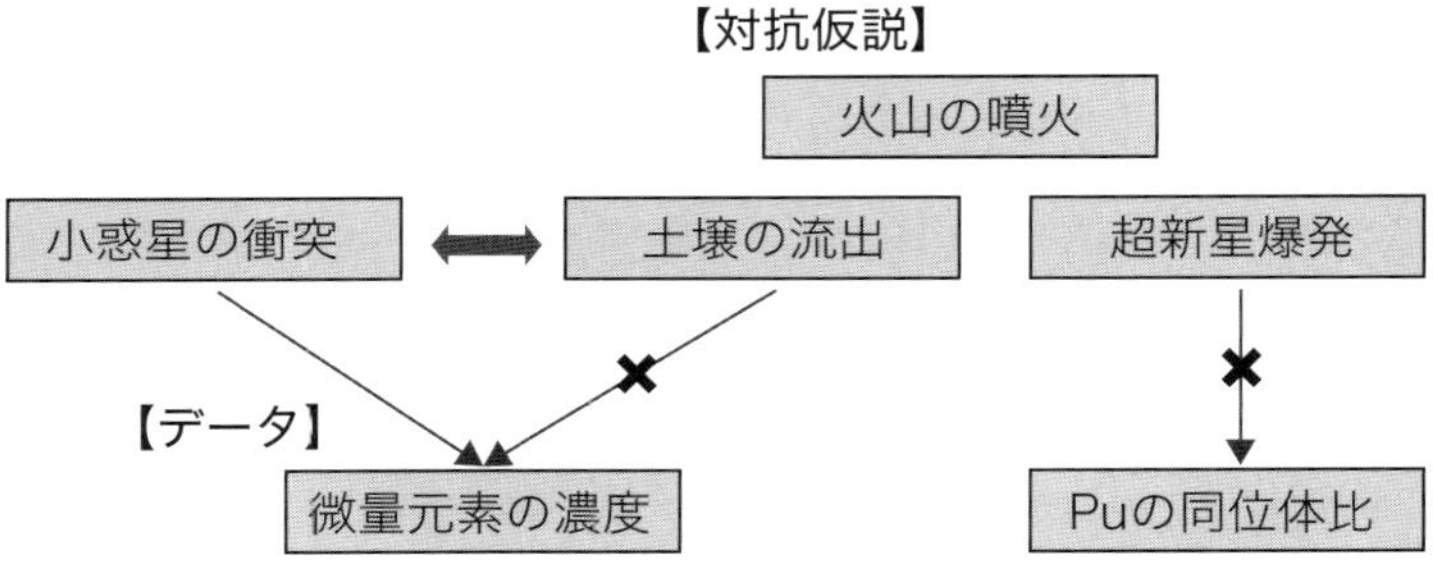

6000万年前に掛けて繰り返し噴火が起きた痕跡（デカントラップ）が残されている。

こうした大規模な火山噴火によって恐竜絶滅がもたらされたのではないかという説は、80年代から90年代に掛けて、小惑星衝突説の対抗仮説として一部の地球物理学者が熱心に推進した。だが、大規模な噴火のあった正確な時期が白亜紀─第三紀境界よりは数十万年遡ること、微量元素の存在比が火山噴火の噴出物に特有の値とは異なっていることなどが判明し、21世紀に入ると、支持者は大幅に減っている。

論文の内容（3）─直径の推定と絶滅シナリオ

6600万年前に何が起きたか？ アルヴァレズたちが思い描いたのは、次のような過程である。

イリジウムの異常が示すように、この時期、地球に小惑星が衝突した。小さな隕石ならば、大気中で燃え尽きてしまう。直径数十メートル以上と推測されるツングースカの隕石（1908年にロシア・ツングースカ川上流で起きた大爆発の原因とされるもの）は、大気圧に耐えきれずに、上空数キロの地点で爆発して四散した。しかし、白亜紀末の小惑星は、地表に激突して自身が粉々になるとともに、周辺の土壌も吹き飛ばしただろう。噴出した土砂のうち、大きな塊は間もなく落下したが、小さな粉塵は成層圏まで舞い上がり、数年間にわたって太陽光線を遮り気候の大変動をもたらしたと考えられる。

気候変動をもたらす粉塵は、小惑星の質量の何パーセント程度になるのか？ アルヴァレズたちは、1883年に起きたインドネシア・クラカタウ島の大噴火を参考にした。このときの噴火では、成層圏に達した粉塵の遮蔽効果によって、北半球全域の平均気温が0・5から0・8度低下した。大気中に噴出した物質の量は約18立方キロメートルで、そのうちの22パーセントが、2年から2年半にわたって成層圏に滞留した。小惑星の場合も、粉砕されて飛び散った破片の数十パーセントが成層圏に残ると推測される。

イタリアやデンマークで見られたイリジウムの異常が、成層圏まで舞い上がった小惑星由来の粉塵が数年掛けて降り積もった結果であるならば、小惑星の大きさを推定できる（この後しばらく、数字が頻出するので、算数の嫌いな人は、斜め読みしてかまわない）。

イタリア・グッビオの境界層で測定されたイリジウムの量は、1平方センチ当たり10億分の8グラムだった。地球上の全域に同程度のイリジウムがばらまかれているならば、この値に、地球の表面積（5・1億平方キロ）を掛けることで、地球全体で境界層に含まれるイリジウムの量が4万トンと見積もられる。ここで、小惑星に含まれていたイリジウムの20パーセントが成層圏に滞留し、地表に降り積もって境界層に含まれたとすると、小惑星のイリジウムは約20万トンと求められる。

地球に飛来する隕石の大部分を占める石質隕石の場合、イリジウムの含有率は、質量比で百万分の０・５（０・５ｐｐｍ）程度であることがわかっている。したがって、小惑星全体の質量は、イリジウムの量20万トンを百万分の０・５で割った４千億トン程度と推定される。アルヴァレズらは小惑星の比重を１立方センチ当たり２・２グラム（１立方キロメートル当たり22億トン）としており、その数値を使うと、体積は１８０立方キロメートル、球体ならば直径は７キロメートル弱となる。

この結果は、イタリアのデータに基づいたものだが、イリジウム濃度がより高いデンマークのデータを使うと、小惑星の直径として14キロメートルという値が得られる。

これだけならば、かなり大ざっぱな推定であり、果たして信頼できるのか、疑わしいと感じられるかもしれない。しかし、小惑星の大きさは、別の方法でも推定できる。

白亜紀−第三紀境界層は１センチほどの厚みがあるが、上下の地層とは見た目にも明らかに異なっており、その成分の多くは通常の堆積物ではない。イタリアとデンマークにおける境界層は、１平方センチ当たり２・５グラム程度の質量があるので、地球全体での境界層の質量は、この値に表面積を掛けた13兆トンとなる。この半分程度が、通常の堆積物ではなく成層圏に舞い上がった粉塵に由来すると仮定すれば、粉塵の総量は約６兆トン。成層圏に舞い上がる粉塵が、噴出した土砂の

20パーセントであるならば、この土砂の量は30兆トンである。さらに、隕石が地球に衝突すると、周辺の地殻をえぐり取り、隕石の質量の60倍に及ぶ土砂が吹き飛ばされるというデータがある。したがって、小惑星の質量は、噴出した土砂の60分の1であり、5千億トンとなる。この値は、イリジウムの量から推測した4千億トン程度という値とほぼ一致しており、直径も7キロメートルほどと予想される。

さらに、境界層とは全く無関係の天文学のデータを援用することもできる。小惑星や彗星が地球に衝突する可能性は、かなり以前から真剣に検討されてきた、特に危険なのは、公転軌道が地球の軌道と交差している小惑星であり、2つの天体が異なる周期で公転しているうちに、いつか衝突する可能性が大きい。どの程度の頻度で衝突が起きるかは、天文学的な観測や地球と月に残されたクレーターの跡から推定可能である。一般に、小惑星の直径が大きくなるほど衝突の頻度は小さくなる。直径10キロメートル以上の小惑星が地球に衝突するのは、1億年に1回程度と考えられている。

以上の3つの数値は、どれも数十パーセント以上の誤差を含んでおり、それだけでは信用できないかもしれない。しかし、小惑星の直径が10キロメートル前後だとすれば、3つの推定が整合的になる点は、驚くべきことである。仮に、天文学的データとして、「直径10キロの小惑星が衝突する頻度は1兆年に1回」といった数値が示されたならば、小惑星衝突説の信憑性はがた落ちになったろう。しかし、1億年に1回の出来事が6600万年前に起きたというのは、実にありそうな話である。

アルヴァレズらは、論文の終わり近くで、小惑星衝突の生物学的な影響を論じている。それは、激変説にありがちな「天変地異が起きたから絶滅した」といった粗雑な議論ではなく、どのような過程を経て特定の生物種が絶滅したかを示す「絶滅シナリオ」だった。彼らの議論によると…。

砕けた小惑星と吹き飛ばされた地殻を併せて、体積でクラカタウの千倍近い噴出物が舞い上がった結果、数年間にわたって太陽光線が遮られた。光量がどれだけ減少したかは正確にはわからないが、噴出した土砂の量から大ざっぱに見積もると、衝突後しばらくの間は、通常の太陽光線の1千万分の1、満月の光量の10パーセント程度となる（現在では、気候変動をもたらした原因として、塵よりも煤の方が主要な役割を果たしたと考えられており、光量の見積もりも多い）。このため、植物の光合成が大幅に阻害された。海では、植物プランクトンに始まる食物連鎖のシステムが崩壊し、アンモナイトを含むさまざまな生物種が死に絶えた。

陸地では、植物の多くが枯死したが、種子や胞子、地下茎を残せるものは、太陽光線が回復した後に再び成長できた。光合成を行えなかった期間が長く続いたため、大型の草食動物は餓死し、これらを捕食していた大型肉食動物も絶滅した。しかし、残された植物体や大型動物の死体を食べる昆虫、昆虫を捕食する小動物、冬眠によって代謝を抑制できる動物は、生き残ることができた。白亜紀の哺乳類は、現在のネズミ程度の大きさのものが多かったため、絶滅を免れた。これが、「選択的な絶滅」が起きた経緯である。

アルヴァレズらは議論していないが、小型肉食恐竜も死体や昆虫を食べて生き長らえ、鳥に進化したと考えられる。

科学的な議論の特徴

アルヴァレズらの論文は、科学的な議論が示す特徴を、実にわかりやすい形で教えてくれる。

科学的な議論の出発点には、実験・観測で得られる客観的データがある場合が多い。だが、こうしたデータは、一般の人が思うほどわかりやすいものではない。小惑星衝突説のケースでは、小惑星がぶつかったことを直接的に示す巨大なクレーターが見つかった訳ではない。最初のデータでは、白亜紀―第三紀境界層に、微量元素であるイリジウムが、上下の地層よりも遥かに高濃度で蓄積されているというものだった。これだけのデータから、恐竜を含む多くの生物種がいかに絶滅したかを推測できるとは、一般の人には、不思議なことに思えるだろう。

何を意味するか必ずしも明らかではないデータから、そのデータを説明する学説を考案するためには、発想の飛躍が必要となる。科学史に残る重要な発見の際には、しばしばこうした飛躍が見られた。

核分裂の発見の際には、原子核が分裂することを直接的に示すデータが見つかった訳ではない。ウランに中性子を照射してできた物質の化学分析をしたところ、どうしても、ウランより遥かに質量数が小さいバリウムと区別できないというデータが得られただけである。核分裂の理論を考案したリーゼ・マイトナーは、この否定的なデータをもとに、ウランの原子核が2つに割れたのではないかという、当時としては突飛な発想に到達した。

遺伝学の常識を覆したトランスポゾン（染色体上の位置を変える「動く遺伝子」）の発見は、トウモロコシの種子が持つ遺伝的な形質の発現率がメンデルの法則に合わないことに気がついたバーバラ・マクリントックが、減数分裂の際に遺伝子そのものが染色体の他の場所に移動するというとんでもない思いつきを得たことが端緒となった。

マイトナーやマクリントックに見られる飛躍に比べると、アルヴァレズらのケースは、それほど劇的ではなかった。彼らは、隕石のイリジウム含有率が地殻よりも高いことを知っており、宇宙から地球に降り注ぐ塵の量を調べるという目的で研究を始めた。そこから、微量の塵ではなく巨大な小惑星へとアイデアを転換する過程は、天才的な発想の飛躍と言うほどのものではない。しかし、同じデータから対抗仮説まで考案する緻密さは、科学研究の手本となる（**図1－1**参照）。

アルヴァレズらは、まず、境界層のイリジウムが、太陽系内の小惑星由来ではないと仮定したとき、イリジウム以外の元素で濃度がどうなるかを演繹的に予測し、その結果から、地球表面（地殻）ないし太陽系外（超新星）由来の可能性を否定した。科学的な議論とは、あるデータを説明できるいくつかの対抗仮説の中から最も妥当性の高いものを選び出す作業だが、アルヴァレズらは、そのうちのいくつかを自分たちで行ったわけである。ただし、イリジウムが地球内部（マントル下部か らの火山噴火）に由来する可能性については、おそらく、当否を決定するのが自分たちの手に余るために、後続の研究者に検討を委ねることになった。

衝突した小惑星の直径も推定されたが、このとき、直径を確実に決定できるような信頼性の高いデータがあった訳ではない。アルヴァレズらは、数十パーセント以上の誤差がありそうな複数の見積もりを行っただけである。しかし、いずれの見積もりでも直径が10キロメートル前後の値になったため、〝合わせ技〟で信憑性が高くなった。

それぞれの推定は確実性を欠くものの、複数の結果が整合的になることで、高い信頼性を獲得するケースは、科学の分野では少なくない。この宇宙は、138億年前にビッグバンで始まったとされるが、この138億という数値を決定する単一のデータがあるのではなく、いくつもの観測データと整合するようにモデルを制限していくと、最も確からしい値として138億が得られるのである。

アルヴァレズらの小惑星衝突説の根拠になるデータは、ある地層にイリジウムが濃縮しているというだけのものである。しかし、そのデータを説明するさまざまな仮説を検討し、最もありそうなモデルを作り上げることで、誰も目にしたわけではないのに、6600万年前に直径10キロメートルほどの小惑星が地球にぶつかってきたというSFのようなストーリーを、確実性の高い学問的な仮説として提出できた。

後続研究の始まり

アルヴァレズらの小惑星衝突説は、データと論理が結びついた信憑性の高い学説だったため、発表直後から大きな反響を呼んだ。その結果、多くの科学者が、アルヴァレズらの議論をベースとして、新たな研究を始める。

何か新しい学説が提唱され、それが研究に値すると考えたとき、多くの科学者がまず気にするのは、その学説が根拠としているデータが正当かどうかである。これまで、実験や観測のミスに基づいて、実に多くの〝新説〟が提唱されてきた（データの捏造という嘆かわしいケースもある）。イリジウムは、地層中にごく僅かしか含まれない元素なので、ちょっとしたミスで試料が汚染され、異常なデータが得られることがある。そこで、多くの科学者が、世界各地で白亜紀―第三紀境界層に含まれるイリジウム濃度を自分たちで改めて測定し、データを確実なものにしていった。

もし小惑星衝突説が正しく、小惑星に含まれるイリジウムが粉塵とともに成層圏に舞い上がってから地表に降り注いだのならば、世界中のどこでも、イリジウムが高濃度で観測されるはずである。逆に、アルヴァレズらが調査した地点以外でイリジウムの異常が見られない場合は、小惑星衝突説は誤った仮説として棄却される。世界各地におけるイリジウム濃度の測定は、仮説の当否を左右するクリティカルな研究なのである。

こうした測定は、ヨーロッパやアメリカ各地で行われ、アルヴァレズらが報告したのと同様の高濃度イリジウムが検出された。これだけでは、まだ、火山噴火説との優劣は付けられないが、恐竜の絶滅が地球規模の天変地異によって引き起こされた蓋然性は、かなり高くなった。

小惑星衝突の証拠となる別のデータを見いだす試みも、精力的に進められた。具体的には、衝突の衝撃によって生成されるマイクロテクタイト（溶融した岩石が冷えて凝固したもの）や衝撃石英（巨大な圧力を受けて変形した石英）、衝突後の大火災を示す煤などの探索で、いずれも80年代に次々と見出される。

こうした証拠の中で、最も決定的だったのが、クレーターの発見である。白亜紀―第三紀境界層の調査が進められるうちに、カリブ海やメキシコ湾周辺で境界層の厚みが増すことが見いだされ、小惑星は、この近辺に落下したのではないかという推測がなされた。その後、１９９１年になって、ユカタン半島にある巨大クレーターが発見された（この地域に環状の重力異常が見られることは、石油採掘業者の間では知られていたが、学界には伝わっていなかった）。年代調査によって、クレーター形成時期が６６００万年前の白亜期末と一致することから、現在では、これが恐竜を絶滅させた小惑星の衝突跡と見なされている。

このクレーター（Chicxulub crater）は、直径が２００キロメートルにも及ぶ。小惑星衝突当時、周辺は浅い海だったことが判明しており、小惑星がぶつかったことで、北米沿岸には、高さ数百メートルの津波が押し寄せたとされる。

絶滅シナリオの補足も、多くの科学者によって試みられた。塵や煤による太陽光線の遮蔽以外にも、衝突の衝撃でイオウ酸化物が大気中に放出されたことにより、強度の酸性雨が降り注いだという説も有力である。海洋生物の絶滅に関しては、酸性雨によって海洋が酸性化した影響が大きいと見られる。

後続研究は、小惑星衝突説を支持するものばかりではない。むしろ、批判的な研究が少なくなかった。しかし、黙殺せずに議論の俎上に載せるという意味で、批判であっても、小惑星衝突説を有力な仮説として認めたことを意味する。

小惑星衝突説を論駁しようとする研究では、主に、衝突説と矛盾するデータの探索が行われた。その中には、アンモナイト化石が地層ごとにどのように分布するかを調査し、白亜紀—第三紀境界層より上の地層でも化石が見つかることから、絶滅は数十万年にわたって徐々に起きたと主張する研究もあった。これに対して、アルヴァレズ陣営から、地殻変動によって地層の位置が変化することを指摘する反論がなされた。

小惑星衝突説に対抗する仮説として最も有力だったのが、すでに述べた火山噴火説である。一時期はかなり大きな勢力を持っていたが、90年代に入って、しだいに水をあけられる。2010年、Science誌に専門家40人の連名による論文で2つの仮説の優劣が検討され、小惑星の衝突が白亜期末における大絶滅の主因だとする結論が示された。この論文で論争の大勢が決まり、小惑星衝突説が定説としてほぼ認められるに至っている。

小惑星衝突説を一歩進めて、これを部分的に含む学説へと発展させようとする試みもあった。地球史においては、白亜期末以外にも絶滅が起きている（特に大規模な絶滅は、白亜期末のものを含めて5回起きている）。こうした絶滅のうちのいくつかは、天体の衝突で起きた可能性がある。そこで、地球に衝突する隕石や彗星の数が周期的に変動し、その結果として、繰り返し絶滅が起きるという仮説がいくつも提唱された。その中には、銀河面に対する太陽系の傾きや小惑星を引き連れた伴星の存在を原因とするものがある。

しかし、いずれも定説となるには到らなかった。

科学的とされるクライテリア

アルヴァレズらによる小惑星衝突説は、発表された当初はかなり突飛なアイデアとされたが、その後の研究を通じて、正当性の高い学説としての地位を獲得する。小惑星衝突説がなぜ学界で受容され、いかなるプロセスを経て正当化されるに至ったかを見ると、科学者たちが、何が科学的な学説かを判定する明確なクライテリア（規範・判断基準）を持っていることがわかる。彼らは、このクライテリアを基に研究対象を選び、特定の方法論に則って研究を行っている。だが、一般の人には、そのクライテリアが知られておらず、科学者は何ともわかりにくい理屈をこねくり回しているように思えるだろう。

そこで、続く第2章では、アルヴァレズの例に基づいて、科学的とされるクライテリアが何かについて議論し、その上で、現代科学が一般人にはわかりにくい内容になっている理由を考察したい。

Q&A

Q アルヴァレズたちの説が学界で受け容れられたのは、単に「それが正しい説だったから」と考えてはいけないのですか？ あるいは、SF的な発想が関心を呼んだのでは…。

A 科学的な学説に対して、「正しい」という概念を使うことは適切ではありません。あらゆる学説は、あくまで仮説にすぎず、「暫定的・近似的に利用できる」「ある範囲で実効性がある」といったものにすぎないからです。

白亜期末に小惑星が衝突したことに関しては、多くの証拠が集まっており、確実だと言って良いでしょう。しかし、この衝突によって絶滅が引き起こされたかどうかは、いまだ議論が続いています。小惑星衝突説は、ほぼ定説となっているものの、確実な証拠があるとまでは言えず、最も有力な仮説の段階に留まっています。したがって、小惑星衝突説がなぜ学界で受け容れられたかを議論する場合、たとえ間違った仮説であることが後々判明したとしても、「あの間違った仮説がなぜ受け容れられたか」という理由の説明として、同じ文言で解答できる必要があります。

「宇宙に原因を求めた斬新さで耳目を引いた」という見方も、誤っています。そもそも、「恐竜絶滅の原因は宇宙にある」という主張をしたのは、アルヴァレズらが初めてではありません。1970年にマクラーレンという学者が、「隕石の衝突によって恐竜が滅びた」という説を提唱しましたが、このときは学界から黙殺されています。このほかにも、超新星爆発説、彗星衝突説など、小惑星衝突説に負けず劣らずSF的な学説が提唱されたものの、いずれも学界で受け容れられず、いつしか忘れ去られました。

「学界に受容する素地が形成されていた」という主張も、事実とは合致しません。アルヴァレズらの論文が発表されるまでは、どちらかと言えば、漸変説が支配的で、気候・環境の緩やかな変化、哺乳類の登場、植物相の変化などの要因が複合して、生態系が少しずつ変化して大絶滅に到ったのではないかと考えられていました。激変説は、大洪水によって太古の生物が滅びたとする旧約聖書の神話を連想させ、古生物学界では、時代遅れとなった古臭い説だという見方が支配的でした。

アルヴァレズらの学説が発表直後から学界で受け容れられたのは、「まず客観的なデータを提示し、その後、仮説演繹法に基づいて議論する」という形式が、他の科学者にアピールしたからだと考えられます。

第2章

科学者は世界を見通す賢者なのか

多くの科学者は、高い知性に恵まれている。それだけに、一般の人々は、科学者に対して、世界の根幹についての深遠な見識を期待するかもしれない。物質と精神は全く異なるものなのか、同じものの二つの側面なのか？　人類はいつかあらゆる現象を記述する万物理論を手にできるのか、そんな時代は決して来ないのか？　宇宙は何らかのグランドデザインに沿って作られたか、全くの偶然に委ねられたのか？　しかし、そんな問いを投げ掛けても、科学者は何も答えてはくれないだろう。

現代の科学は、自然界における根本原理の解明など目指していない。あくまで、特定の現象にのみ適用できる限定的な学説を作り、その学説の当否や適用範囲を検討しているだけである。19世紀には、まだ「自然哲学」という考え方があり、アレクサンダー・フンボルトのように、宇宙論から生命現象に至るまで幅広い分野を視野に収め、あらゆる自然現象を包括的に議論しようとする科学者がいた。しかし、その一方で、フンボルトの活動期と重なるように、それ以前に裕福な階層で多く見られたアマチュア研究者とは異質な、ある分野の専門家として研究機関に雇用される「職業科学者」が登場する。こんにち科学者と言えば、通常は、研究所や大学に雇われた専門家を指す。彼らの大半は、自分に割り振られた職務に営々と励むばかりである。

科学の現場で行われているのは、世界を見通す原理を探るような高邁な知的活動ではない。現代科学においては、いかに才知に恵まれた科学者であっても、単独で首尾一貫した包括的な理論を作り上げることは、ほとんど望めないからである。複雑な現象を細分化し、個別的な問題について明確に解答できるようにするのが、科学者の主たる職務となる。そうした限定的な学説であっても、比較的単純なモデルから始めて、仮定を付け加えたり実験・観測のデータと比較したりしながら、かなりの時間を掛けて、少しずつ改良していく必要がある。

本章では、学説を改良する過程が具体的にどのように行われるかを見ながら、前章の末尾で述べた科学のクライテリアについて考えていきたい。

受容から正当化まで

ある科学者の脳裏に浮かんだアイデアが、科学者集団の協同作業を通じて教科書に掲載されるような定説に練り上げられるまでには、いくつかの段階がある。

前章で紹介したアルヴァレズらの小惑星衝突説は、論文が発表された直後から大きな反響を巻き起こしたが、だからと言って、直ちに正当な学説と見なされたわけではない。古生物学者の間ではしばらく漸変説が支配的だったし、一部の地球物理学者からは、火山噴火説のような対抗学説が提案され、小惑星衝突説を支持するグループとの間で論争が生じた。小惑星衝突説がほぼ定説として認められるのは、集められた観測データの多くが小惑星衝突説から導かれる予測と合致した結果、これを支持する研究者が増加する一方で、対抗仮説がしだいに勢いを失ったからである。

このように、科学的な研究過程では、新しい学説に対して、批判的なものも含む後続研究が開始され、さまざまな検討を積み重ねることにより、最終的に、正当化されて定説になるか、支持されずに忘れ去られるかが決まる。後続研究の開始は、他の研究者によって研究に値すると認められた結果だから、これを学説の受容と呼んでもかまわないだろう。

古典的な見方によれば、科学とは「正当化された知識の体系」だとされる。しかし、この見解は、学術誌に発表される研究論文の多くが、正当化されていない学説を実証ないし棄却しようとするものだという事実と相容れない。科学研究の主要部分は、受容と正当化の間にあると言って良い。

ここでは、実態をかなり単純化し、新しい学説が定説となるまでの過程として、「提出→受容→検討→正当化」という4つの段階を考えることにしよう。

（1）提出：現代科学では、一人の科学者が学説を完全な形で考案することは、現実問題として不可能である。このため、新たな学説を思いついたときには、内容がある程度まとまった段階で公表し、多くの科学者に研究してもらう必要がある。公表の方法は、学会講演か学術誌への論文投稿が一般的である。自然科学の分野では、人文・社会科学と異なり、書籍の形で発表された研究はあまり注目されない。

(2) 受容：提出された学説が研究に値すると他の科学者に認められると、さまざまな形で後続研究が始まる。この過程が受容と呼ばれるものである。

受容は、学説を正当なものと認めた上で行われるとは限らない。場合によっては、学説に対する反論が行われるが、これは、本気で反論しなければならない学説として認められたことを意味し、学説の排斥ではなく批判的な受容と見なすべきである。

科学者にとって最大の屈辱は、厳しく反論されることではなく、受容されずに黙殺されることである。学会講演で発表した後、誰からも質問がなく沈黙の数十秒が経過することは、針のむしろに座らされるようなつらさである。

(3) 検討：受容された学説に関する後続研究は、学問的な知識を構築する際に、科学者が行う最も重要な仕事である。後続研究には、さまざまなパターンがある。最初に提出された学説が、特定の実験・観測データを基にしている場合は、再実験や異なる場所での観測を行って、データの正しさを検証するというのが、最も直接的な後続研究である。最先端の機器を用いた場合でも、最初のデータは必ずしも信用できない。実験・観測の機器は、実地での使用に先立って、標準試料を用いて目盛りの基準を決める較正《こうせい》などを通じて調整を行わなければならないが、特定の結果を期待する気持ちが強すぎると、所期の結果が得られない場合に、「調整の仕方が悪かったのでは」と再調整を繰り返しがちなので、何かの拍子に誤って望み通りのデータを得てしまうことがある。このため、他の研究者による検証が行われて、はじめて信頼に足るデータとなる。

提出者が行ったのとは別の帰結を理論的に導き出し、その妥当性をチェックする後続研究もある。小惑星衝突説の場合は、巨大な天体が衝突した際、その衝撃の跡が石英などの鉱物に残されることを鉱物学者が指摘したため、衝撃を受けた石英の探索が開始された。間もなく、白亜紀—第三紀境界層から続々と衝撃石英が見いだされた結果、小惑星衝突説の信憑性が高まることになる。

(4) 正当化：学説の検討が進められた結果、全てのデータと矛盾がないことが判明し、他の対抗学説に対する優位性が示されると、正当化された定説として認められ、教科書などに記載されるようになる。ある段階で決定的なデータが現れ、短期間で正当化されることは、皆無ではないもののあまり一般的でない。ほとんどの学説は、長期間にわたって検討されるうちに、多くの科学者が正しそうだと実感し始め、いつの間にか定説として扱われるようになる。

学説が見捨てられる際には、何らかのデータが決定的な役割を果たし、短期間で学説の衰退が生じる場合もある。例えば、ビッグバン宇宙論（宇宙は、過去のある瞬間に高温・高圧状態から始まったという説）の対抗学説だった定常宇宙論（宇宙は、永遠に同じ状態を保ち続けるという説）が見捨てられたのは、1960年代に、宇宙空間のあらゆる方位から同じ強度分布を持つマイクロ波が観測され、ビッグバンの痕跡と認められたからである。

学説の興亡

科学的な研究発表を行う際、先行研究となる論文の内容を利用するときには、その論文の著者名（できれば論文タイトルも）と、掲載誌の巻・ページ・発行年を明記しなければならない。これを、論文の「引用」と言う（文章を引くquotationではなく、実例の言及などを意味するcitationのこと）。オリジナル論文を直接引用するケースだけでなく、その後続研究となる論文を引用する場合もあるため、最初の論文から始まる引用の連鎖が生じる。こうした引用の連鎖は、学説がどのように受容され、その影響がどれほど拡がっていったか（あるいは見捨てられていったか）を、端的に示す。

図式的に表すならば、引用のパターンには、(1)ほとんど引用されずに終わる不発型、(2)ある程度は引用されるものの、しだいに引用頻度が減って忘れられる短期流行型、(3)長期にわたって引用され続け、ほぼ定説として認められる長期定着型がある(**図2－1**)。新説を提出する科学者は、もちろん、この第3のタイプを目指すわけだが、そのためには、まず、オリジナル論文を引用する後続研究が開始されなければな

図2-1｜論文の引用パターン

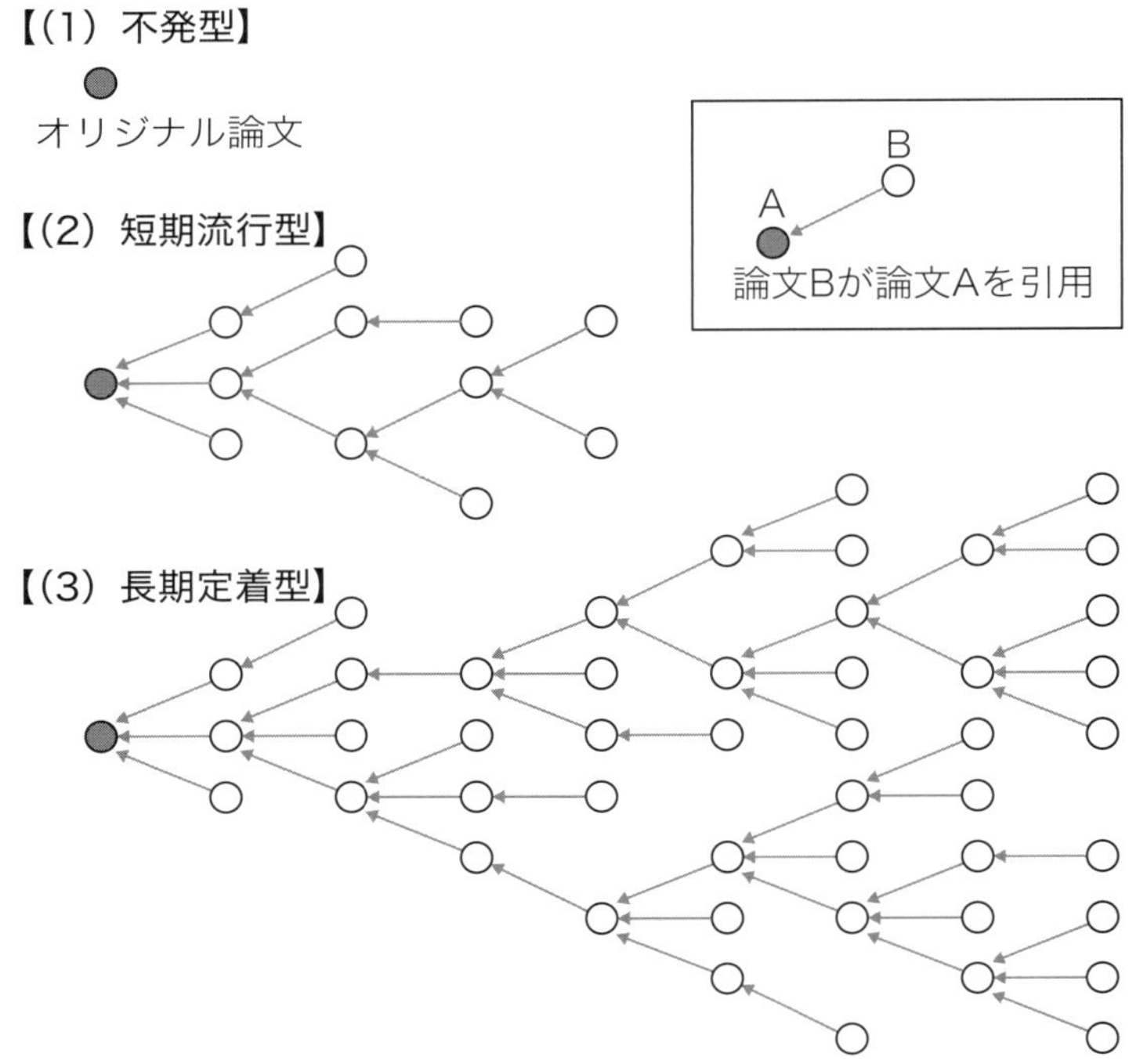

らない。科学史を省みると、画期的な大発見を報告する論文であっても、後続研究が始まるかどうか、かなり微妙だったケースがいくつもある。

１９８６年、ヨハネス・ベドノルツとアレックス・ミュラーは、それまで絶縁体だと思われていたセラミックスを冷却して電気抵抗を測定したところ、ある温度で抵抗値が急減してゼロになるように見えるという結果を得た。もし、本当に抵抗がゼロになるならば、セラミックスが相転移によって超伝導体に変化するという画期的な発見のはずである。彼らは、この実験結果をドイツの学会で発表したが、それまでの常識に反する上、超伝導の確実な証拠となるマイスナー効果（超伝導体が、磁力線を外部に弾き出す効果）の測定を行っていなかったこともあり、全く注目を集めなかった（実験中にうっかり回路をショートさせて、抵抗が消えたように見えたのだろうという醒めた見方もあったという）。

その後、ドイツの学術誌にこの結果を発表したところ、小さな研究室でも比較的容易に実験が行え、学生実験の課題として手ごろだったこともあって、いくつかの研究室で追試が行われた。ところが、追試の実験を行った科学者自身が驚いたことに、超伝導になったことを示すきれいな結果が得られたのである。特に、東京大学の研究チームは、マイスナー効果が生じることを確認した。こうした後続研究の成果が発表されてから、セラミックスを用いた超伝導研究が世界的なブームとなり、オリジナルな研究を行ったベドノルツとミュラーは、ノーベル賞を受賞する。

このように、後続研究が行われなければ、世紀の大発見でも日の目を見ずに終わる可能性がある。後続研究が行われるかどうかは、オリジナルな研究を行った科学者にとって、自分たちの学説が生きるか死ぬかを左右する重要な分かれ道となる。一方、後続研究を行う科学者にとっても、どの学説に基づいて研究を行うかは、将来の業績が左右されるシビアな問題である。

科学とは、集合知を利用する学問である。ごく一部の独創的な科学者が新しい学説を提出し、他の多くの科学者が後続研究を行う。こうした協同作業を通じて、初めて学問の進歩が可能になる。したがって、新しい学説を提出する際には、多くの科学者が後続研究に参加して検討を行えるように、提出の仕方を工夫しなければならない。

科学論文は、その解釈を巡っていくつもの意見が対立する難解な哲学書のようであってはならない。その分野の基礎知識や方法論などを一通り身につけてさえいれば、論文の内容を把握して後続研究に加われる程度に、明確でわかりやすいことが必要である。

後続研究を行うのに必要な一揃いの知識と方法論のセットは、科学史家のトマス・クーンに倣って、パラダイムと呼んでも良いだろう。(2) ある分野で研究を行う科学者は、その研究に必要なパラダイムを、学生時代には座学や実地研修、助手などの職務に就いてからは、本格的な研究の手伝いを通じて、身につける。科学論文は、そうしたパラダイムを身につけた科学者が後続研究を行えるのに必要な内容を備えていなければならない。

科学と非科学を分けるもの

新しい学説の内容が把握できたとしても、他の科学者が直ちに後続研究に着手するわけではない。当然のことながら、その学説が研究に値するかどうかを判断する段階がある。

一般の人には、学説が正しいと信じられるか否かが最重要の条件だと思えるかもしれないが、実際には、正しいと判断したから後続研究を始めるわけではない。その学説が学界で注目され、他の科学者たちが次々に論文を書くと予想された場合には、学説の当否が判然としない、時には、誤っていると判断されたときも、研究を行うケースがある。

小惑星衝突説の場合、アルヴァレズらの論文が発表された段階では、その当否について確実な判断を下せた科学者はほとんどいなかったろう。しかし、これまで信頼に足る根拠なしに議論を行ってきた恐竜の絶滅に関して、客観的なデータに基づく明確な仮説を提出し得たことから、この論文が学界で大きな反響を呼び起こすことは予想できた。世界各地で白亜紀―第三紀境界層のイリジウム濃度を測定しようとする動きが始まったのは、小惑星衝突説を正しいと信じて、その正当性を立証しようとしたからと言うよりは、学説の当否がわからないなりに、根拠とされるデータの確認を行おうという意図からである。

自然科学では、一つの学説を巡って科学者たちが「ああだこうだ」と論争を続け、大半が納得する落とし所を探るのがふつうである。こうした学説の検討を行う際に、学説が正しいか誤っているかに関して自分の旗印を鮮明にすると、どうしても感情的になりがちである。社会学や哲学の分野で、それぞれの学派に属する研究者が、まるで相手の学説のあら探しをするかのように欠点を指弾し、ほとんど感情的とも思える議論をすることがあるが、同じやり方を自然科学の分野で採用しても、あまり建設的ではない。充分なデータが集まるまで、学説の当否に関して何とも言えないケースが多いからである。

自然科学の研究者たちは、学説を信じる／信じないという論点をいったん棚上げして、「仮に、この学説が正しいと仮定すると何が言えるか」という観点からさまざまな帰結を導き出すことを試みる。例えば、アルヴァレズたちは言及しなかったことだが、鉱物学者は、小惑星が地表に激突した際に巨大な圧力が加わるため、結晶に衝撃の跡が残るはずだと予測した。そこで、この予測と、フィールドワークによって境界層の石英などに見いだされる変形を比べることで、小惑星衝突説の妥当性についての判断が下せる。

このように、学説を信じるかどうかにかかわらず、「仮に、その学説が正しいとすると…」と演繹的に帰結を導き出すことが、自然科学の特徴である。実験・観測で得られるデータが、この帰結と合致するかどうかを調べることで、元の学説の信憑性が上がったり下がったりする。こうした論法が採用されることが、科学と非科学を分かつ最大の特徴と言っても良いだろう。

受容されやすい学説の特徴

新しい学説が学界で受容されるには、それが後続研究を誘致するような内容を持つことが重要である。セラミックスによる超伝導のように、新しい実験データが出たというケースならば、同じタイプの実験を行って結果を再確認することが後続研究となる。しかし、理論的な学説の場合、そこから演繹的に何かを導き出すことができなければ、後続研究を行うすべがない。

科学的な「予測（prediction）」とは、実験・観測が行われる前に学説から導かれる帰結である。さまざまな予測を導き出すことができる学説は、「予測力（predictive power）が大きい」と言われる。学界で受容されるのは、単に「正しそうだ」というだけでなく、活発な後続研究が行える予測力の大きい学説である。

小惑星衝突説は、予測力の大きな学説である。小惑星が衝突したと仮定すれば、その結果として、地表でさまざまな大事件が勃発する。衝撃を受けた石英についてはすでに述べたが、それ以外にも、巨大な運動エネルギーが熱に変わるため、大火災の発生が予測できる。アルヴァレズらの論文が出てからは、この大火災によって飛散する煤の探索が行われ、実際に境界層から見いだされた。地中にあったイオウなどが大気中に飛び散ったことによる大気化学反応の予測、気候変動に伴う生態系の変化の予測など、小惑星衝突説を前提とするだけで、さまざまな予測が可能になる。科学者にとっては、それだけ研究しがいのある学説ということになる。

予測力を大きくするために、具体的なモデルの構築も進められる。

小惑星衝突説の場合、激突した小惑星自身が粉々に粉砕されるほか、周囲の土壌がえぐり取られて大気中に噴出したと考えられる。その結果、太陽光線が遮られて光合成が阻害され、食物連鎖のシステムが崩壊して恐竜絶滅に至った——と説明されると、何となくわかったような気になるが、これだけでは、データと定量的な比較を行うのが難しい。そこで、アルヴァレズらは、それまでの隕石のデータに基づいて「小惑星の60倍に相当する質量の土壌が噴出する」、クラカタウ噴火のデータに基づいて「噴出した土砂の20％が大気中に滞留する」と仮定した。これは、議論を明確にするために、モデルを導入したことに相当する。「60倍」とか「20％」のような数値があれば、後続研究を行う科学者が各種の計算を行い、具体的な予測を導くことが容易になる。

注意しておきたいのは、アルヴァレズらが、このモデルが正しいと主張したわけではない点である。科学的な研究においては、さまざまな仮説を設定してその妥当性を調べる。「60倍」「20％」という数値も、そうした仮説的なモデルを設定することであり、「このモデルが正しいと仮定すれば何が予測できるか」を議論するために利用する。予測される結果がデータと合致すれば、モデルの妥当性が検証されるが、合致しなかったからと言って、提唱した科学者が非難されることは決してない。「このモデルは妥当でない」と確認することも、科学を推進するための研究の一部だからである。

大きな予測力を持ち、その学説を信じるかどうかによらず、特定の予測が演繹的に導けること――それが、ある学説が科学的だと見なされるクライテリアである。

予測力と説明力

予測力に対置されるのが、すでに知られている現象に対して、もっともらしい説明を行うことを可能にする「説明力（explanatory power）」である。説明力の大きな学説の典型が、ジークムント・フロイトの精神分析学だろう。さまざまな神経症を、好ましくない欲望や記憶を抑圧した結果として生じる心因性の症状として、それらしく説明した。患者本人が意識していなくても、「抑圧された欲望が無意識に作用した」と言えるので、どんな神経症でも原因を説明できてしまう。こうしたフロイト流の説明は、現在ではあまり顧みられない。かつての神経症は、パニック障害や強迫性障害などの複数の精神障害に分類し直され、それぞれ異なる薬物を用いた治療が有効なことから、脳機能障害を含む身体的な疾患が根底にあると考えられている。

一般の人は、予測力よりも説明力を重視するだろう。小惑星衝突説でも、「太陽光線が遮られて光合成ができなくなった」という説明で満足し、衝撃石英や煤を探索したり、小惑星の直径を10キロメートルと概算したりすることに対して、単なる細部の詰め程度に思うかもしれない。しかし、科学的な議論において、説明力は必ずしも重要ではない。受容されるか否かといった学説の帰趨を決定するのは、説明力ではなく予測力の方である。

科学者が説明力をあまり重視しないのは、「もっともらしい説明が、実は全くの誤りだった」という事例が無数にあるためだ。特に、生物体や生態系、気候などの複雑なシステムに関しては、もっともらしい説明がたびたび誤った議論の元になった。恐竜絶滅の原因に関しても、小惑星衝突説が提唱される以前には、小さな集団内部での交配によって欠陥遺伝子が蓄積されたとか、緩やかな気候変動に対応して生態系が変化するうちに追随しきれなくなってカタストロフを起こしたといった、実にもっともらしい説明が幅を利かせていた。

ここでは、もっともらしい説明が当てにならない具体例として、一般の人にもわかるように、「河原にはなぜ丸くて小さい石が多いか」というよく知られた問題を考えてみよう。

この問いに対しては、しばしば、「上流にあった角張った石が転がってくる間に、他の石とぶつかったりして角が取れ、丸くなっていった」という「もっともらしい説明」がなされる。しかし、通常の状態で石が川の中を転がっているのを見た人がいるだろうか？ 洪水のときには石が転がってくるが、その際に下流まで押し流される石には、上流で見られる角張った状態のままのものが多い。一方、河床を掘り返してみると、長い間沈んでいた石の角が取れて、丸くなっているさまが見いだされる。したがって、転がっているうちに石が丸くなるという説明が事実だとは、どうも考えにくい。

科学的には、次のような議論がなされる。

河川で砂や石が運搬される過程は、平時の定常的な流れによる運搬と、水量が臨界量を超えたときの流れによる運搬の2種類がある。このうち、平時の定常的な流れでは、石の移動はほとんど起きない。これは、次のような理由による。

河床の表面近くに粒径の小さな石があると、水流を受けて少しずつ移動するが、その途中で大きな石や砂利の隙間に入り込み、下に落ち込んでしまう。その結果、川の流れを直接受ける表面部分には小さい石がほとんどなくなり、比較的大きな石が組み合わさって表面を覆った状態になる。こうなると、表面より下に入り込んだ石は、もう動けない。実験によると、一般的な河川の場合、平時の定常流で粒径数ミリ以上の石はほとんど運ばれないことがわかっている。ただし、移動しなくても隙間を流れる水の作用を受け続けるために、河床でじっとしている間に、水流によって尖った部分が削られ、少しずつ丸くなっていく。

砂や石の移動が起きるのは、大雨などで水量が増加した際に、水流による摩擦が強くなって河床表面の覆いが壊されたときである。このときは、覆いの下にあった大小さまざまな石が、土や砂が混ざった濁流とともにいっせいに流れ出す。

河床は、表面を比較的大きな石が覆い、小さな砂利が下に落ち込んだ構造をしている。河床にある石の多くは、すでに水流によって丸くなっているが、上流から流されて間もない石の中には、まだ角張ったものもある。出水によって覆いが破壊されたときには、これらがいっせいに動き出すわけだが、移動のしやすさには差がある。一般的に言って、丸くて小さな石ほど移動しやすく、遠くまで流されていく。大きな石は、いったん転がり始めると、小さな石よりも移動距離が長くなる傾向があるが、転がり始める頻度が低いので、一度の洪水における平均的な移動距離は短くなる。このため、丸くて小さい石ほど下流に流され、結果的に、下流ではこうした石の割合が多くなる。下流域の石は、長く移動したから角が取れて丸く小さくなったのではなく、角が取れて丸く小さいから長く移動して来られたと考えるべきである。

「もっともらしい説明」が正しいとは限らないことは、この例からも見て取れるだろう。同じように、「もっともらしいのに間違っている説明」は数多くあるので、読者諸氏は、自分でも探してみられたい。

反証可能性との関係

科学的な学説の場合、それを信じていようといまいと、誰もが同じ予測を導き出せる。例えば、小惑星衝突説を仮定すると、白亜紀─第三紀境界層のイリジウム濃度は、グラウンド・ゼロとなる衝突地点を除いて、地球全域でほぼ同じように値が高くなるという予測が導かれる。この点に関しては、地球科学などの基礎知識さえあれば、学説を支持するか反対するかによらず、誰しも同意するはずである。

同じ予測が得られることは、その導出過程がきわめて論理的であることを意味する。もちろん、記号論理学における三段論法のように、厳格な記号操作だけで導けるというわけではなく、さまざまな予備知識を組み合わせながら科学的推論を行った結果としての予測である。しかし、単なる説明ではなく、多くの科学者が同意する科学的に妥当な推論によって同じ予測が得られるのだから、予測を導く過程を（論理学的に厳密ではないものの）演繹と呼んでかまわないだろう。

予測の導き方が演繹的なのだから、論理学の定理を応用することができる。一般的な論理学では、ある命題「AならばBである」が真であるとき、逆命題「BならばAである」が必ずしも真ではないのに対して、対偶命題「BでないならばAでない」は常に真となる。もし、学説Aから予測Bを導く過程が完全に論理的であるならば、予測Bが具体的なデータと比較して事実でないことが示された場合、学説Aが正しくないことが結論される。

科学的な学説Aの正当性を直接検証することは、一般にかなり難しい。小惑星衝突説に関しても、クレーターのような直接的な証拠は、容易には見つけられない（見つかるまで、論文発表から10年以上を要した）。また、クレーターが発見されたとしても、同じ時期にたまたま隕石が衝突しただけで、恐竜の絶滅を引き起こしたわけではないとする主張を反駁できるとは限らない。しかし、「イタリアとデンマークの境界層にはイリジウムが濃縮していたが、インド・中国・メキシコなどで地層調査を行っても、イリジウム濃度の上昇は見いだせなかった」となると、小惑星衝突説の信憑性はほぼゼロになる。このように、ある学説から演繹的に予測が導かれ、実験・観測で得られたデータとの比較によってその予測が否定された場合は、元の学説自体が反証されたことになる。言い換えれば、データと比較できる予測を演繹的に導ける学説は、「反証可能」なのである。

学界で積極的に受容されるのは、データと比較できるさまざまな予測を導けるような予測力の大きな学説である。そうした学説が提出されると、予測を導く理論的研究とデータを得るための実験・観測の双方が行えるため、学界が活況を呈する。予測が数多く導けるほどデータと比較できる機会も多く、比較的早い段階で学説が正当か否かがわかってくる。反証される場合は、それだけ速やかに反証されるはずなので、こうした学説は「反証可能性が高い」と言っても良い。

ただし、現実には、予測とデータが合致しなくても、すぐに学説が否定されるわけではない。小惑星衝突説の際にも、予測に反するデータが報告されたこともあった。

アルヴァレズらの言うように、太陽光線が遮られたことで食物連鎖のシステムが崩壊したのならば、絶滅に要する期間はせいぜい数年のはずである。ところが、(すでに述べたように)アンモナイトの化石分布を調べたところ、数十万年掛けてゆっくりと絶滅が進行していたかのような結果が得られた。これは、小惑星衝突説を反証するデータとも考えられる。一方、この主張に対する反論として、地殻変動によって地層の位置が変化するため、化石の分布によって直ちに絶滅に要した期間を確定できるわけではないという議論も現れた。化石の分布に基づく絶滅期間の推定に関しては、こんにちなお対立する見解があるが、このデータが直ちに小惑星衝突説を否定するほど決定的でないことは、一般に認められている。

また、学説は細部まで完全に練り上げられているわけではなく、変更可能な仮定をいくつも含むのがふつうである。その仮定を部分的に変更したり新たな仮定を付け加えたりすることで、同じ学説の枠内で、オリジナルのものとは異なるモデルを考案することができる。予測とデータが合致しないときには、直ちに学説を否定する前に、仮定を変更したり新たな仮定を付け加えたりしながら、データとの整合性が良いモデルがないか探索するのが、通常の研究方法である。

このようにいろいろな抜け道があるため、予測とデータが合致しないからと言って、すぐに学説が否定されるわけではない。だが、合致しないケースが続き、そのたびにデータは決定的でないと指摘したり仮定を変更したりといったことが繰り返されると、しだいに学説の支持者が減り、やがて忘れ去られていく。論理学的な反証とは異なって時間が掛かるが、これが科学研究における反証の実態である。

学説が科学的であることの条件として「反証可能性」の重要性を強調したのは、科学哲学者のカール・ポパーである。科学者が論文で哲学者に言及することはほとんどないが、ポパーは数少ない例外であり、欧米の論文でたまに名前が挙げられる（例えば、ポパーの議論を引用しながら、「超ひも理論は反証可能性に欠けるから科学的でない」と主張する）。ただし、彼は論客と呼ばれるタイプの学者であり、論争を引き起こす目的でわざと極端な言い回しをするため、その主張は誤解を招きやすい。反証可能性について論じたポパーの著書『科学的発見の論理』(3)は、論旨がわかりにくく（誤解に基づく）反論が数多く提出されているので、反証可能性とは何かを知るために苦労してこれを読むよりも、「反証可能性の高い学説」とは単に「データと比較可能なさまざまな予測を導ける学説」だと見なすことをお勧めする。

科学論文の特徴

自然科学における一般的な研究は、先行する学説に対する後続研究として、理論的に予測を導いたり、実験・観測を行って予測と比較することである。こうした研究をやりやすくするために、論文の書き方には、自然科学独特の作法がある。

科学論文においては、一連の後続研究の中でどこに位置するかを明確に示すことが、本質的な重要性を持っている。多くの論文は、まず冒頭で研究の流れを瞥見し、どの学説に対する後続研究であるかを明確にする。他の研究論文との関係を示すには、本文に注釈番号などを付して、ページ下または末尾に、対応する引用論文を列挙する。他の研究者は、論文の梗概（アブストラクト）と最初の段落、そして、引用論文リストに目を通せば、どのような流れの中で何を主張しようとしているか、おおよそのところが把握できる（そこしか読まずに済ませる場合も少なくない）。

さらに、論文執筆の基本として、「余計なことは書かない」という作法がある。社会学や哲学の研究者が大論文を発表するときには、その内容がどのような新しい視座を提供するかを得々と語る場合がある。しかし、自然科学の論文では、あくまで、多くの科学者たちによる協同作業の一翼を担うという立場を忘れてはならない。自分の自然観や将来的な展望などを長々と語るのではなく、要点のみを手短に記述すべきである。

自然科学分野に特徴的なこうした作法が、論文をひどくわかりにくくする原因にもなっている。科学論文は、どの先行研究に基づきいかなる流れの中にあるかを短く記した後、理論的な研究の場合は採用したモデルや仮定についての説明、実験・観測の場合は具体的な実施方法や得られたデータを列挙するだけ――というのが一般的である。話が回りくどくならないように、その分野の専門家にとって当たり前のことならば、わざわざ説明しない。このため、科学論文はきわめてそっけなく、職業科学者であっても、パラダイムの異なる分野の論文は、何を言おうとしているかすら理解できないことが多い。

具体例――クローン羊ドリーの論文

アルヴァレズらによる小惑星衝突説の論文は、原子物理学の専門家が古生物学の分野に殴り込みを掛けたようなもので、通常の論文とは異質な面もある。ここでは、インパクトは大きかったものの論文自体は通常科学のフォーマットに則っている例として、クローン羊ドリーの誕生を報告したイアン・ウィルムットら5人の著者による論文「哺乳類の胚および成体細胞に由来する生存可能な産出子」(4)を紹介しよう。

これは、1997年にイギリスの科学誌Natureに発表された3ページほどの論文で、前年にヒツジの体細胞クローン(体から採取した細胞を基にしたクローン個体)を作成したことを報告するもの。両生類の体細胞クローン、あるいは、受精卵を分割することによって同じ遺伝子を持つ複数の個体を作る受精卵クローンはすでにできていたが、当時の生物学界では、成熟した哺乳類の細胞をドナー（遺伝情報の提供者）とする体細胞クローンは不可能だとする考えが支配的だった。ウィルムットらは、この常識を実例で反駁したわけで、1998年のヒトES細胞株の樹立、2006年のiPS細胞の発見などとともに、世紀の変わり目に起きた発生学における一連の革新的な出来事の一つである。

これほど画期的な論文なのだから、一般の人は、クローンの持つ倫理的な意味や個体発生に関する生物学的な常識の見直しについての見解が語られていると思うかもしれない。しかし、そうした話題には触れられず、クローンが家畜の品種改良に利用できるといった指摘が終わり近くで簡単になされるだけで、後は専門用語の羅列とも思える無味乾燥な内容である。

クローンが大騒ぎになったのは、大人の体から採取した細胞を使って、ドナーと同じ遺伝子を持つ個体を作ることが可能だったからである。1975年に、ジョン・ガードン（iPS細胞を発見した山中伸弥とともにノーベル賞を受賞した生物学者）らがカエルの体細胞を用いてクローンを作る実験を試みたときには、オタマジャクシ段階にまで成長したものの、カエルに変態することはなかった。成熟したカエルの体細胞から作ったクローン個体では、オタマジャクシからカエルへの変態を実現する遺伝子が働かなかったのである。このため、成長のある段階で、遺伝子に何らかの不可逆変化が起こり、胎児期に用意された生殖細胞（卵母細胞・精原細胞）のような全能性（体のあらゆる組織に分化できる性質）を持つ状態には戻せなくなるという見方が有力だった。クローン羊ドリーの誕生は、この見解に対する反証となった。

にもかかわらず、ウィルムットらの論文は、哺乳類で体細胞クローンを作ったことを誇らしげに宣伝するものではない。タイトルにあるように、成熟個体（6歳の雌ヒツジ）の体細胞だけでなく、受精後9日と26日の胚から採取した細胞を使い、細胞核を取り除いた受精前の卵子（除核未受精卵）と融合してクローン個体を作成したことが報告されている。

論文は、成熟個体、9日胚、26日胚から採取した3種類の細胞によるクローン作成の結果を列挙しており、具体的な成果は表で示された。例えば、ドナー細胞と除核未受精卵との細胞融合に成功した個数は、3種類の細胞ごとに、それぞれ277／172／385個とある。成熟個体からのクローンについては、細胞融合した277個のうち29個が胚盤胞（子宮に着床できる段階まで成長した胚）になり、これらを13頭の代理母の子宮に移植したところ、1頭の子ヒツジが誕生した。胚をドナーとするクローンについても、同じように数値が列挙される。

本文には、誕生した子ヒツジが8頭と記されており、「ドリーだけではなかったのか！」と一瞬驚かされるが、成熟体細胞から作られたのはドリー1頭で、9日胚からの個体が3頭、26日胚からの個体が4頭である。

ウィルムットらの論文で、ドリーの誕生だけを強調するのではなく、3種類の細胞によるクローン実験の結果が列挙されるのは、この論文が、学界における研究動向を見据えながら、ある明確な主張を行うものだからである。

ウィルムットらは、1996年に、ヒツジの胚から採取した細胞を使ってクローン作りに成功したと発表したが、このときは、大した抵抗なしに学界に受け容れられた。胚は受精して間もない細胞塊であり、まだ分化が進んでいないため、クローンができても不思議でないとする見方が一般的だったからである。そこで、彼らはさらに研究を発展させ、成熟体細胞・9日胚・26日胚からの3種類の細胞を用いて全く同じ方法でクローンを作ろうとした。その結果が8頭の子ヒツジの誕生だった。

ここで重要なのは、3種類の細胞でクローンの成功率にあまり差がないことである。子宮に移植した胚のうち何パーセントが誕生に至るかを示す数値は、成熟体細胞の場合が（29個中1個なので）3・4%なのに対して、9日胚（桑実胚と呼ばれる段階まで成長したものを子宮に移したケース）では5・9%、26日胚では5・6%となっており、大きな差異がない（ただし、「1例」だけというのは統計的に意味がないという批判もあった）。

おそらく、この結果が、ウィルムットらの特に言いたかった点だろう。この論文の目的は、「哺乳類の体細胞クローン作りに成功」という、マスメディアが飛びつきそうな派手な業績の発表ではなく、「成長するにつれて遺伝子が変化し、全能性を取り戻すことができなくなる」という学説を反証することにあった。そのため、成長段階の異なる3種類の細胞を用いてクローンを作り、その差がほとんどないことを示したのである。成熟個体からクローンが作れなかった場合は、おそらく、少し分化の進んだ胎児をドナーとするクローン作りに着手し、どこまで成長すると全能性が失われるかを突き止めただろう。

この論文に見られる構成上の特徴は、110行余りの短い本文に続いて、「方法」と題された50行ほどの補遺が置かれている点である。そこでは、細胞培養の際、どのような溶液を添加し摂氏何度でどのくらいの期間にわたって培養したかなど、クローン作成方法に関する詳細が説明される。これは、後続の研究者が、自分たちと同じくクローンを作れるように配慮したものである。

クローン作成の詳細を論文に記したのは、イルメンゼー事件の苦い記憶があったからかもしれない。1981年、スイスの大学教授だったカール・イルメンゼーは、体細胞の細胞核を（未受精卵を用いるウィルムットらの方法とは異なって）受精卵に移植した後、もともと卵子にあった細胞核を除去するというやり方で、マウスのクローンを作ったと発表した。だが、他の研究者はこの結果を再現できず、実験ミスか虚偽報告が疑われたまま、イルメンゼーは辞職に追い込まれる。1984年のScience誌には、イルメンゼーの方法でクローンを作ることは不可能だという記事が掲載された。しかし、2006年に、イルメンゼーの方法とは少し異なるものの、受精卵を用いたマウスの体細胞クローン作りが成功したため、現在でも、イルメンゼーがマウスのクローンを作れたのかどうか、真相はわかっていない。ウィルムットらは、イルメンゼーの轍を踏まないためにも、後続研究者が実験を再現できるように、詳細な手順を公表したのだろう。

方法の詳細を公表することは、知的財産権と絡んで難しい問題を引き起こす。企業が資金援助した研究では、他社に知られたくない製造方法などに関して、論文でわざとぼかす場合もある。また、学会講演や論文で公表された内容は「公知の事実」として特許が取れなくなるため、特許出願と公表の時期を調整する必要も出てくる（日本では、公表後6ヶ月以内に本人が出願すれば、特許が認められるという特例がある）。ウィルムットらによるクローン作成技術に関しては、世界各国で特許が成立しており、作成方法の公表と知的財産権の確保に関して、うまく兼ね合いを図ったようだ。

総合学説の重要性

科学的な研究の大部分は、先行して提出された学説を検討するために行われる後続研究である。当然のことながら、その内容は、自然界の根本原理を解明しようとする気宇壮大なものではなく、きわめて限定的である。科学的な研究は個々の学説ごとに細分化され、自然界全体を見渡すような深い見識を披瀝する研究は皆無のようにも見える。

こうした細分化・専門化は、多くの科学者の協同作業として研究を進める現代的な科学の宿命とも言える。しかし、その一方で、行き過ぎを回避するために、細分化した内容を改めて一つにまとめるような「総合学説」が科学者の間で高く評価されることも、指摘しておきたい。研究の流れとしては、複数の学説に端を発する後続研究が定説に向かって練り上げられる過程で、細分化された学説同士を結びつけて総合化する試みが現れる。

異なる学説を総合する議論は、自然科学以外の分野では、あまり評価されないように思える。例えば、科学社会学的な文脈で、クーンのパラダイムとポパーの反証可能性をつぎはぎして論じると、たとえそれが科学研究の実態を適切に抽出した主張であっても、各学派の研究者から折衷的と蔑まれそうだ。しかし、自然科学の場合、異なる学説の総合は、ともすれば細分化しがちな自然科学研究の流れを再びまとめるという役割を果たすので、学界内部での評価は高い。

こうした総合学説には、進化論におけるネオダーウィニズムと中立説の統合、素粒子論におけるハドロン模型の標準化、銀河形成論における銀河合体やブラックホールの役割の統一的理解などがある。こうした総合学説は、科学という必然的に細分化に向かう営みが、いかに自然の全体的把握を取り戻すかという問題とかかわるので、次章で改めて取り上げたい。

Q&A

Q　科学の現場では、すでに提出された学説を基にして後続研究を始めるのが一般的だということですが、科学者たちには、独創的な研究をやろうとする気概はないのですか？後続研究ばかりしていても、独創的な成果が生まれないような気がするのですが。

A　研究所や大学などの研究機関に奉職する科学者は、自分たちが、学界という科学者集団の中で協力しあって研究していることを、常に意識せざるを得ません。なぜなら、昇進と結びついた業績評価が、「他の科学者にどれほど引用されるか」という基準で行われるからです。

ある科学者がどれほど優秀か、客観的に評価することは、かなり難しい問題です。日本では、発表した論文の数が重視されることもありますが、欧米では、質の低い論文をたくさん書いても、あまり評価されません。アメリカの大学では、テニュアと呼ばれる終身雇用資格があり、その資格を獲得するまでは、いつクビになるかとヒヤヒヤしなければならないので、多くの大学教員が資格取得を目指しています。このときに重視されるのが、単に論文をたくさん書いたということではなく、有力な学術誌に掲載されることと、他の研究者に引用される回数が多いことです。

有力な学術誌の場合は、ピアレビュー（同じ分野の専門家による査読）があり、出来の悪い論文は掲載されません。有力な学術誌と言われるものほどピアレビューは厳しく、アメリカのPhysical Review誌は、すでに世界的名声を博していたアインシュタインの論文を拒絶したこともあります。こうした有力誌に論文を発表する回数が多ければ、それだけ優秀な科学者と認められますが、並の科学者は、次々と画期的な論文を書き続けることはできません。そこで重要になるのが、被引用回数です。

学術論文に関する情報は、現在、調査会社がまとめてデータベース化しており、ある論文を他の研究者が何回引用したかは、このデータベースを使って調べることができます(ライセンス契約が必要)。引用される回数が多いほど、学界にインパクトを与えた研究と見なされ、業績として高く評価されます。職業科学者たちは、当然、このことを意識しながら研究せざるを得ません。

ちなみに、被引用回数の国別シェアは、その国の科学力を表すと見なされます。日本は、2002〜04年のデータでは、米英独に次ぐ4位でしたが、12〜14年になると、中国が2位に躍進する一方、日本はオーストラリアやスペインより下の10位にまで低下しています(被引用回数が本当に科学力を表すのか、疑問を呈する人もいますが)。

先行論文を引用しながら研究を行うやり方で、独創的な成果が上げられるのか、疑問に思われるかもしれませんが、現実には、確かに成果が上がっています。

本文でも述べたセラミックス超伝導体の研究では、ミュラーのもとで研究していたベドノルツが、ペロブスカイトと呼ばれる結晶構造を持つ酸化物誘電体の電気化学的性質に興味を持ったのが始まりです。彼は、過去の文献によって、ランタン―バリウム―銅の酸化物が低温で金属のような電気的性質を持つことを知り、冷却しながらその電気抵抗を測定して、超伝導体への転移が起きることを発見しました。このときは、超伝導であることの確実な証拠が得られず、学会ではほとんど黙殺されましたが、海外の一部で追試が行われ、ようやく超伝導だと確認されました。

さらに、ペロブスカイト構造に詳しい他の研究者が、原子半径の異なる原子を添加すると、結晶構造が微妙に変わって電気的性質が変化することを思い出します。そこで、複数の研究者がいろいろな原子で試しているうちに、ポール・チューが、イットリウムを添加すると転移温度が液体窒素の沸点（絶対温度で77度、零下196℃）よりも高くなることを見いだしたのです。それまでは、超伝導素材を得るためには、高価な液体ヘリウムを使って冷却する必要があったのに、安い液体窒素が使えるようになるので、工業的に画期的な成果です。

こうした研究は、多くの分野にまたがる知識を必要とするため、一人の科学者がここまでの成果を上げることは、きわめて難しいと言えます。現代の科学が多くの科学者の協業によって成り立っているからこそ、画期的な成果を上げられたのです。

第3章

科学は世界を語れるのか

20世紀初頭までの科学は、人々の世界観を揺さぶる力を持っていたように思える。進化論は地球上における人間の地位に新しい視座を提供し、量子論はニュートン力学に示された明確な原子論的描像を覆した。さらに、膨張宇宙論は、宇宙の始まりについて再考する機会を与えてくれた。

しかし、こんにち、科学は分野ごとに細分化され、科学者たちは、自分の専門に閉じこもってしまったかのようだ。時折、プレスリリース（報道機関向けの情報提供）を通じて報じられる最先端科学の多くは、専門的すぎて一般人には理解困難であり、世界とは何か、人間とは何かを考えるための根拠としては、どうにも使いづらい。

現在でも、科学の進歩は続いている。しかし、それは、ウニが棘を長く伸ばす姿になぞらえられそうだ。ウニ本体に相当する「世界や人間そのものにかかわる部分」はさして成長しておらず、特定の専門分野に関する知識だけが、突出して先鋭化されているだけではないか？　そもそも、（前章で述べたような）予測力の大きな学説を提案するという方法論で、世界全体を俯瞰し自然の本質に肉薄するような科学理論が構築できるのだろうか？　そんな疑問を抱く人もいるだろう。

こうした問題意識に対する一つの実践的な解答が、細分化された学説を再び統合して、その分野を包括する総合学説を作ろうとする動きである。20世紀に現代科学の方法論が行き渡り、必然的な成り行きとして細分化が進む中で、その反作用として、これもまた必然的に生まれてきた方向性である。

予測力が大きい学説を提案し、多くの科学者を動員してその妥当性を検討する——こうした科学的方法論は、学問の細分化をもたらす。だが、細分化がある程度まで進み、個々の学説の検討が一段落すると、今度は、全体を包括するような組み合わせを作る総合化の動きが始まる。この動きは、必ずしも新たな発見を伴わない地味な活動なので、プレスリリースの機会も少なく、一般の人には見逃されがちだが、科学の進歩を考える上では、看過できない重要な段階である。

総合学説の構築は、素粒子論や宇宙論などさまざまな分野で見られる。本章では、専門外の人にも比較的理解しやすい進化論の例を取り上げたい。

チャールズ・ダーウィンによって明確な方向付けがなされた近代的な進化論は、20世紀に入って、遺伝学などの新しい知見を取り込みながら、まず、ネオ・ダーウィニズムという形で体系化される。ネオ・ダーウィニズムの基本的な考え方は、自然選択を進化のメカニズムと見なすことであり、選択説と呼ぶことが許されるだろう。しかし、これで進化論が完成したわけではない。20世紀後半からは、分子生物学の成果とどのように結びつけるかを巡って、さまざまな議論が巻き起こる。

そうした動きの中で、科学史的な観点から特に面白いのが、中立説の登場である。当初は、中立説が選択説と相容れない学説と見なされることもあった。しかし、しだいに選択説と中立説は互いに補完的な関係にあると理解されるようになり、現在では、両者を統合した形での総合的な進化論が受け容れられている。

選択説と中立説の統合がどのように行われたかを語る前に、まず、ダーウィンによる進化論の概要と、それが20世紀半ばまでにいかに練り上げられたかを見ることにしよう。

ダーウィンの進化論とネオ・ダーウィニズム

ダーウィンは、単に、生物が進化するというアイデアを思いついたのではない。生物が環境に応じて形質を変化させること自体は古くから知られていたし、19世紀になると、進化論と言える学説を提唱した人が何人も現れる。ただし、ダーウィン以前には、そうしたアイデアを実証するだけの客観的なデータがなかった。

実証性に乏しいという点は、19世紀初頭におけるジャン＝バティスト・ラマルクの議論にも当てはまる。人間でも、頻繁に使用する器官の機能が向上する一方、あまり使用されない器官が衰える傾向が見られるが、もし、こうした変化が子孫に伝えられるならば、長い間に、体の構造そのものが大きく変わるはずである。ラマルクは、さまざまな生物において、使用頻度に起因する器官の変化が生じ（用不用説）、これが子孫に伝えられる（獲得形質の遺伝）ことで、生物の進化が起きると考えた。「キリンの首が長いのは、個々のキリンが高いところにある木の葉を食べようと盛んに動かしたために首が過剰に発育し、その形質が子供に受け継がれたためだ」といった考え方である。しかし、これだけでは、単なる「もっともらしい説明」であって、学説から導かれる予測が客観的データで確かめられたわけではない。現在では、ラマルクのアイデアは、進化の主要なメカニズムでないことがはっきりしている（獲得形質の遺伝は、ＤＮＡに対する化学修飾の継承といった形で起こり得る）。

ダーウィンの凄さは、進化に関する理論を考案しただけでなく、それを実証するデータを収集した点にある。ビーグル号に乗船してガラパゴス諸島で行った実地調査が有名だが、イギリスに帰国してからも、自分でフィールドワークを行ったり、他の研究者が採取した標本を入手したりして、データを蓄積した。１８５９年に発表された『種の起源』は、こうしたデータに基づく緻密な論考だったのである。発表直後から、その内容に関する批判が巻き起こったが、真剣に批判しなければならないほど説得力があったことの証左だろう。

ダーウィンの主張は、「遺伝的因子の変異と選択」という形でまとめることができる。まず、親から子へと受け継がれる遺伝的因子に、何らかの原因で変異が生じる。遺伝的因子の変異によって、他とは異なる形質を持った個体が現れると、どんな形質かに応じて生存率や繁殖率に差が生じる。生存に不利な遺伝的因子を持つ個体は短期間で淘汰され、有利なものは生存率が高くなって集団内での割合を増やしていく。このように、生存に有利か不利かによって、変異した遺伝的因子が集団内で増えたり減ったりする過程が「選択」である。こうした過程が長期にわたって続くと、有利な変異が集団内に行き渡り、集団の全個体が変化した形質を持つようになる。これが、ダーウィンによる進化論の大筋である。

ダーウィンの生きた時代には、まだ、何が遺伝的情報を蓄えるのか判明しておらず、体の各部位で情報を蓄積した粒子が生殖細胞に吸収されるという見方があった。また、遺伝的因子に変異が生じる理由も不明であり、変異は単一の形質に生じるのか複数の形質にまたがるのかもわからなかった。しかし、変異と選択というアイデアは、ダーウィン流の進化論において、常に基本的な考え方であり続ける。

ダーウィン進化論の展開は、2つの方向でなされた。一つは適用分野の拡大、もう一つは細部の精緻化である。前者は、進化論を社会にまで適用し、適者生存の考えや優生学と結びつける議論だが、論点が曖昧となるため、科学の進歩という観点からすると、むしろマイナスになる展開だったと言える。ここでは、後者の精緻化だけを取り上げることにしよう。

ダーウィンの議論では、遺伝的因子の正体と変位の生じる原因は不明だったが、世紀の変わり目に、メンデルの法則や突然変異の知識が広まり、進化にかかわる具体的なメカニズムが明らかになっていった。

1900年前後に複数の科学者によって再発見されたメンデルの法則は、特定の形質をもたらす遺伝子が、生活史によって変化することなく、そのまま親から子へと受け継がれることを示した。この法則は、ラマルクが主張した獲得形質の遺伝というアイデアとは相容れない。

さらに、1901年に、ある世代から遺伝的形質が急に変わる突然変異が発見されると、進化論に突然変異の考えを組み込むアイデアが浮上する。1920年代には、X線の照射によって人工的な突然変異が誘発されることが見いだされ、変異が生じるメカニズムも少しずつ明らかになっていった。こうして、「突然変異を起こした遺伝子のうち、生存に有利なものが自然選択によって集団内部での割合を増やす」という基本的な枠組みができてきた。

その後、確率論を利用した集団遺伝学の手法を取り入れて、個体の生存率を高める遺伝子の割合がどのように変化するかも調べられる。こうして、40年代には、遺伝学のさまざまな知見と統合された、新しい進化論としてのネオ・ダーウィニズムが成立する。

この段階で、進化に関する学説がほぼ完成の域に近づいたと見なす向きもあった。しかし、60年代に入ると、分子生物学の進展に伴い、分子進化の中立説などのアイデアが提出され、進化論は新しいステージを迎えることになる。

分子進化の中立説

1960年代、分子生物学が急速な進展を遂げるとともに、分子レベルで進化論を考える科学者も登場する。そこで注目されたのが、タンパク質の分子進化である。

タンパク質は、炭水化物、脂質とともに3大栄養素と呼ばれる生体分子で、多数のアミノ酸が鎖状につながって構成された高分子である。遺伝子には、アラニン、グリシンなど20種類のアミノ酸の並び方に関する情報が、DNAの塩基配列（4種類の塩基の並び方）という形でコードされており、この情報通りにアミノ酸をつなげると、タンパク質が合成できる。細胞内では、RNAの働きでDNAの遺伝情報を読み出し、この情報に基づいて、細胞内器官であるリボソームでアミノ酸をつなげてタンパク質を作っている。

ここで興味深いのは、同じ用途に使われるタンパク質でも、アミノ酸配列にさまざまな違いが見られることである。例として、赤血球内に存在し、酸素を全身に運搬するヘモグロビンというタンパク質を取り上げよう。

　酸素運搬を行うヘモグロビンと似たタンパク質は、植物や細菌を含むさまざまな生物に存在する。動物の場合、昆虫や軟体動物など、生物のグループごとに固有のヘモグロビンがあるが、脊椎動物に限ると、その基本構造はほぼ同じである。哺乳類のヘモグロビンは、α鎖とβ鎖という2種類の鎖状分子が2本ずつくっついた構造で、α鎖は141個のアミノ酸が一列に並んだ形になっている。ただし、種によって、微妙な差異がある。例えば、ヒトとゴリラでは1箇所だけアミノ酸が異なる。ヒトとウマでは18箇所、ヒトと（哺乳類ではないが）コイでは68箇所もの違いがある。

　ヘモグロビンにこうした違いが見られるのは、自然選択の結果なのだろうか？　ヒトとウマでは体の作りが異なるので、ウマと比べてアミノ酸が18箇所で異なるヒトヘモグロビンの方が、ヒトの生活に都合が良いのかもしれない。しかし、そうでない可能性もあるので、進化の過程でアミノ酸の異なるヘモグロビンが選択されたのかどうか、データに基づいて検証する必要がある。

　化石に基づく古生物学的なデータによると、ヒトとウマが共通の祖先から分岐したのは、約8000万年前とされる。それ以降、異なる環境で生活するうちに、141個のアミノ酸のうち18個が別のアミノ酸に置き換わった。したがって、α鎖のあるアミノ酸が1年間で別のものに置換される確率は、18／141を8000万で割り、さらに（ヒトとウマのどちらかで変異が起きればアミノ酸は異なるものになるので）２で割った値となる。この値は、10億分の０・８であり、ヒトとウマのヘモグロビンα鎖に関しては、平均して10億年に０・８個の割合で、特定箇所のアミノ酸に置換が起きたことになる。

ところが、いろいろな動物に関して、（右記の方法に集団遺伝学の観点から補正を加えた上で）ヘモグロビンα鎖におけるアミノ酸の置換率を求めたところ、どれもほぼ同じ値になったのである。ヒトとコイの場合で言えば、デボン紀（今から３億５千万〜４億年前）に共通の祖先から分かれたという化石データを使ってアミノ酸が置換される頻度を計算すると、10億年に０・83〜０・89個の割合となり、ヒトとウマのデータに近い値を得る。

ヒトやウマと比べると、コイは身体の構造も生活環境も大きく異なっており、遺伝子による有利・不利の現れ方も違うはずである。にもかかわらず、置換頻度に差がないことは、何を意味するのだろうか？

木村資生《もとお》は、１９６８年にNatrue誌に掲載された論文「分子レベルでの進化速度」[5]で、ヘモグロビンなどに見られるタンパク質の多型（アミノ酸配列に違いがあること）は、タンパク質の構造が少々異なっても有利・不利の差がほとんどない結果として生じた偶然の産物だと主張した。

生殖細胞の分裂の際に遺伝子のコピーミスが起こると、遺伝子にコードされた情報が変わり、アミノ酸が別のものに置き換わったタンパク質が生まれることがある。こうしたミスは偶然に生じるので、その発生確率は、塩基ごとにほぼ一定だと考えられる。新たに作られるタンパク質が、生存率を低下させる有害なものでなければ、その遺伝子を持つ個体が集団の中で繁殖し、数を増やすこともあり得るだろう。その結果、集団における遺伝子の割合は、コイン投げの結果で数を増やしたり減らしたりするゲームと同じく、ランダムに変化する。このように、特定の遺伝子の割合がフラフラと変化することを、遺伝子浮動という。時には、全くの偶然により、遺伝子が集団全体に拡がることもある。こうした事態は、確率に基づいて起こる統計的な現象であり、ヘモグロビンα鎖のようなアミノ酸の個数が定まったタンパク質で置換が起きる頻度は、生物の種類によらずほぼ一定になると予想される。

種によってタンパク質のアミノ酸配列が異なるのは、選択に対して有利でも不利でもない中立的な変異が偶然に起こり、これが遺伝子浮動を通じて集団内に拡がった結果だ——これが、木村の基本的な考え方であり、分子進化の中立説と呼ばれる。(6)

遺伝子浮動

遺伝子浮動という考え方はわかりにくいので、具体的な例を使った説明を加えておこう。

真核生物の体細胞には、通常、相同染色体と呼ばれる2本1組の染色体があり、それぞれの染色体に、同じ種類の（例えば、ヘモグロビンのアミノ酸配列をコードした）遺伝子が存在する。生殖の際には、減数分裂によって相同染色体の一方が精子または卵子に入るので、精子と卵子の受精で生まれる子には、父親由来と母親由来の染色体が1本ずつ伝えられる。

ここで、減数分裂前の生殖細胞において、1つの遺伝子に突然変異が生じたとしよう。この変異が選択に対して中立である場合、集団の中の割合はどのように変化するだろうか？ 個体数が多いと混乱するので、きわめて簡単なモデルとして、常に2個体だけの集団を考えよう。2個体の生殖によって2個体が産まれ、産まれた子供同士が生殖を行って再び2個体が産まれる——というサイクルを繰り返すものとする（極端な近親相姦ではあるが）。

この簡単なケースでは、**図3－1**に示したような形で、変異遺伝子が子孫に伝えられる。第2世代における変異遺伝子の個数は、（1）1／4の確率で0個、（2）2／4の確率で1個、（3）1／

4の確率で2個となる。（1）のケースでは、変異遺伝子は消滅し、その後の子孫に伝えられることはない。（2）のケースは、第1世代と同じパターンである。問題は（3）のケースで、この2個体から産まれる第3世代では、合計4本ある染色体に含まれる変異遺伝子の個数は、0個から4個のいずれも可能である。重要なのは、1／16の確率で、全ての染色体が変異遺伝子を持つことである（**図3−1**の右下のケース）。こうなると、以降に生まれる子孫は、全員が変異遺伝子を持ち、（さらなる突然変異が起きない限り）変異して

図3-1｜遺伝子浮動

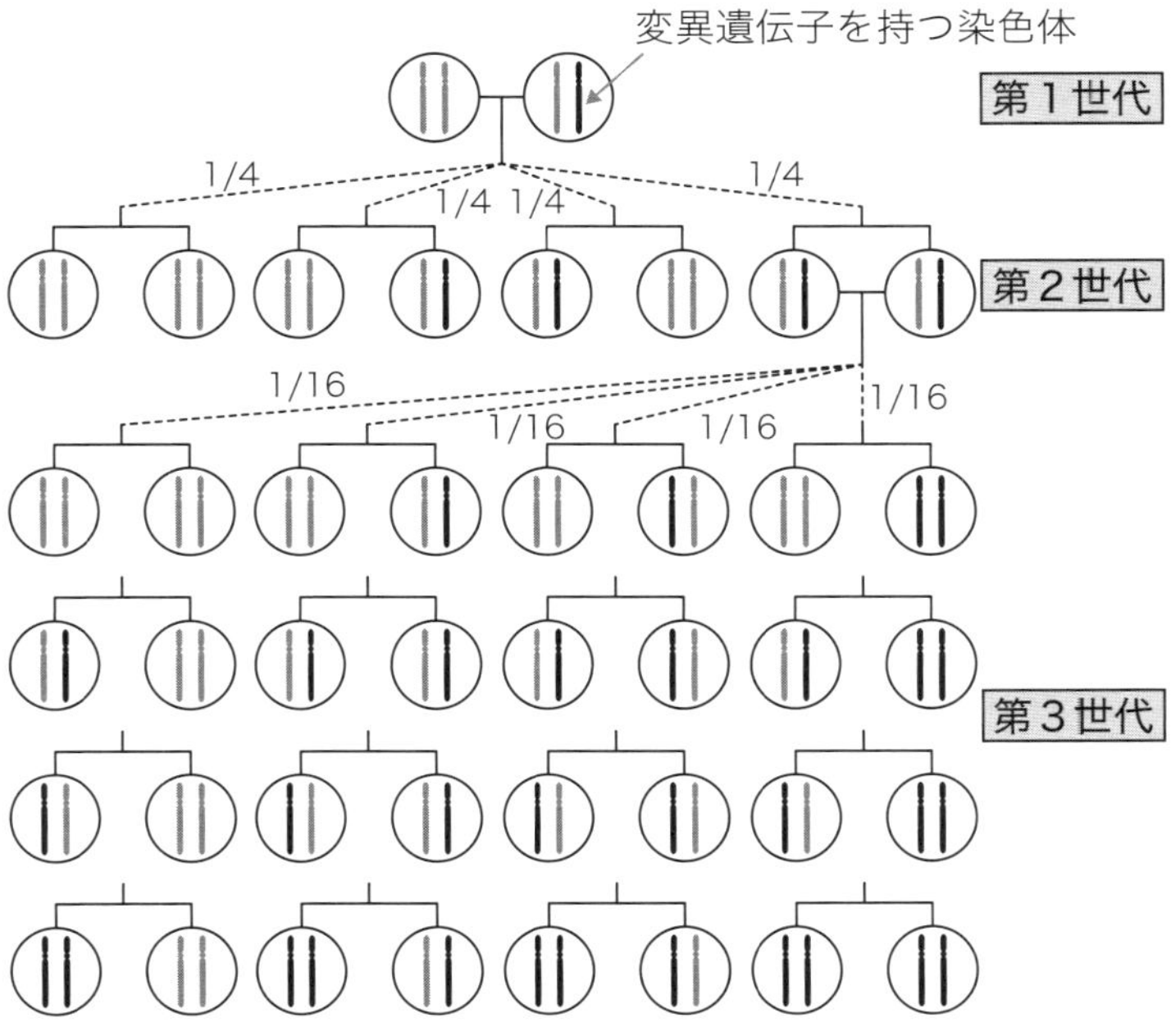

いない遺伝子を持つ可能性はなくなる。こうした状況を、「遺伝子が固定された」と言う。

個体数が多い場合は、途中で変異遺伝子が消滅する可能性が高いが、それでも、変異遺伝子が固定される確率はゼロにはならない。遺伝子の変異が選択に対して中立であっても、この変異が集団全体に拡がり得るわけである。

「環境に適した変異遺伝子が自然選択によって残される」というのが、ダーウィン流の進化論における「適者生存」の考えだが、中立説によれば、「幸運な変異遺伝子が遺伝子浮動を通じて残される」という「幸者生存」が起きるのである。

中立説の展開

分子進化の中立説は、その後、主に日本人研究者によって練り上げられた。特に重要なのは、1973年に太田朋子が提唱した〝ほぼ〟中立説である[7]（科学史的に正確なことを言えば、木村のオリジナル論文中に、ほぼ中立というアイデアがすでに提示されていた）。これは、自然選択に対して厳密に中立ではなく、わずかに不利な変異であっても、集団中に拡がることがあるという考え方である。ただし、不利な分だけ淘汰圧（変異が固定されるのを妨げる作用）を受けることになり、その大きさに応じて分子進化のスピードが遅くなる。

ほぼ中立説は、どの程度不利かによってアミノ酸が置換される速度が変化すると予測されるので、単純な中立説と比べると、（前章で説明した意味での）予測力の大きな理論である。この予測と観測されるデータと比較すれば、学説の検証が可能になる。

遺伝子レベルで見ると、完全に中立な変異もある。遺伝子は、DNAという長い分子の中で遺伝情報をコードした領域を指す名称だが、DNAには、遺伝子とよく似た塩基配列をしていながら、何もコードしていない「偽遺伝子」と呼ばれる領域も存在する。偽遺伝子は、細胞分裂の際にコピーミスによって塩基配列が変化しても、遺伝情報をコードしているわけではないので、生存率に全く影響を及ぼさない。

ほぼ中立説によれば、偽遺伝子の塩基配列が変化するスピードは、タンパク質をコードしている遺伝子の変化速度に比べると、淘汰圧を受けないので遥かに速いはずである。一方、「突然変異が自然選択によって集団中に固定される」というダーウィン流の選択説では、何の役にも立たない偽遺伝子は選択されることがないため、ほとんど変化しないはずである。

実際に、DNAで塩基の配列が変化するような変異が起きる頻度を調べると、偽遺伝子の方が、タンパク質をコードしているどの遺伝子よりも、速やかに変化しているという結果が得られた。この結果は、分子進化に関して、選択説よりもほぼ中立説を支持する客観的データとなる。

ほぼ中立説によれば、生きる上であまり差を生じないような小変異ばかりが蓄積され、進化を促す大変異が起きにくいように思える。しかし、実は、そうとは限らない。

タンパク質は、アミノ酸が鎖状に長くつながったものだが、水溶液中では、鎖がフラフラと動いているうちに、分子同士の引力によって折り畳まれていく。こうした折り畳みは、結合のポテンシャルエネルギーが低くなる向きに進行し、エネルギーが最低になった段階で安定する。このため、生体内では、固有の仕方で折り畳まれた立体構造を取っている。

ヘモグロビンや代謝酵素など生体内で利用されるタンパク質の機能は、他の物質と結合することで実現されるので、タンパク質の機能にとって重要な部位は、折り畳まれた立体構造の外側に位置する。遺伝子のミスコピーなどで結合部位にあるアミノ酸が別のものに置換されると、結合の強さが変化し、時には全く結合しなくなる。このように、機能を大きく左右するアミノ酸が置換されるような変異は、多くの場合、生体にとって有害で、短期間で淘汰されてしまう。これに対して、折り畳まれたときに内側に入り込むアミノ酸は、あまり役に立っておらず、別のアミノ酸に置換されたときの機能変化は小さい。このため、分子進化においては、内側のアミノ酸ほど速やかに置換されていく。

ただし、内側のアミノ酸置換が、何の影響も及ぼさないわけではない。折り畳まれたタンパク質の内側で鎖同士を結びつける分子間力が変化し、きっちりと折り畳まれなくなることがある。こうした変異が積み重なると、ある段階でタンパク質の立体構造が大きく変化し、内側にあった部位が外側に露出することで、それまでなかった機能を持つタンパク質が生まれる可能性も出てくる。

新しい機能を持つタンパク質の登場は、たとえ有害でなくても、役に立たないものをわざわざ合成する手間が掛かるため、生存にとって不利であり、通常は集団内に拡がらない。しかし、環境が大きく変わると、新タンパク質が役に立つこともあり得る。

自然界では、環境の変化に直面しても、生物が直ちに対応する現象がしばしば見られる。例えば、人間が殺虫剤を使用し始めると、耐性を持つ昆虫が短期間で現れるようなケースである。こうした素早い対応がなぜ起きるかは、必ずしもよくわかっていないが、ほぼ中立説によれば、生物はさまざまなタイプのタンパク質を集団内にプールしており、その中に、殺虫成分を分解できる酵素のような、環境の変化に対応できる物質が含まれている結果だと推測される。

選択説と中立説の統合

木村が中立説を発表してからしばらくの間は、選択説を支持する研究者との間で、論争が繰り広げられた。しかし、分子進化に関して（ほぼ）中立説を支持するデータが増えてくると、両者を統合しようとする動きが活発になる。

選択説と中立説が必ずしも対立するものでないことは、両者が適用される領域を考えればはっきりするだろう。

選択説は、体の形状や特定の器官の有無といった表現形質にかかわる。環境や他の個体との相互作用において、こうした表現形質が生存上の有利・不利をもたらすと、有利な形質を持つ個体が多くの子孫を残して遺伝子の割合を増やし、不利な形質を持つ個体は淘汰されていなくなる。この過程が正または負の選択であり、選択を通じて特定の遺伝子が集団内で固定され進化をもたらす。

ところが、中立説が扱うのは、分子レベルの進化であって、表現形質は問題としていない。ここで重要なのは、選択を受ける表現形質が、遺伝子の持つ情報とダイレクトに結びつくとは限らない点である。

遺伝子は、「生物の設計図」ではない。ある状況下に置かれたとき、個々の細胞がどのように応答するかを定めた指示書のようなものである。細胞は、細胞膜を介しての分子のやりとりや、膜電位の変化を通じて、外部と情報を交換する。インプットされた情報に応じて、特定の遺伝子を活性化させタンパク質を合成したり、細胞分裂の準備を進めたり――といった応答を行う。こうした応答の仕方を決定するのが、遺伝子(および、DNAの遺伝子以外の部分であるイントロンや、DNAにメチル基などが結合する化学修飾)である。個々の細胞の応答が複雑に重なり合って、個体全体の形状や行動が作り上げられるのであり、細胞レベルの応答を指示する遺伝子が、形状や行動を直接決定するわけではない。

生存に有利な表現形質が選択されるという選択説と、有利・不利に大きな差のないさまざまなタンパク質がプールされるという中立説は、適用領域の異なった学説であり、対立するのではなく、むしろ補完的な関係にある。このことを、眼の誕生という具体的な例を使って説明しよう。

眼の誕生と進化論

光学像を結ぶ器官としての眼を持つ生物は、今から5億数千万年前のカンブリア紀に登場した。

この時期には、数百万年という地質学的には短い期間で、生物の多様性が爆発的に増大している。これが、カンブリア爆発と呼ばれる現象で、眼の誕生も、この爆発に含まれる出来事である[8]。

眼があると、餌の探索や捕食者からの逃走の際にきわめて有利なので、自然選択によって、高度な眼を備えた生物が支配的な立場を獲得する（ただし、これは栄養が乏しい環境の場合で、現代の都市部沿岸のように富栄養化が進んだ海では、獲物を求めて動き回らなくても周囲に養分が漂っているため、クラゲやヒトデのような原始的な受光器官しかない生物が増加する）。カンブリア紀には、アノマロカリスのような眼を備えた捕食者が活動を始めていた。餌を探知する能力に長けた捕食者から身を守るために、オパビニアのように5つの眼で捕食者の接近を探知する生物をはじめ、三葉虫のような頑丈な外皮を備えたもの、ハルキゲニアのように防御用の棘を生やしたものなどが生まれた。そうした中で、背中側に太い神経索（神経繊維の束）を持ち、全身の動きを協調させて素早く捕食者から逃れる生物が登場する。これが、脊椎動物の共通祖先であり、現在のナメクジウオに似た生き物だった。

このように、眼が誕生してからの生物の進化は、選択説でかなりの程度まで説明できる。しかし、肝心の眼がどのようにして形成されたかは、選択説ではわからない。眼のような複雑な器官を作る単一遺伝子があるわけではなく、眼の遺伝子が突然変異で生じたと説明することはできない。眼は、原始的な受光器官が少しずつ複雑化していった最終段階なのである。

地球上に生命が誕生する過程で特に重要だったのは、水が液体でいられる程度に地表の温度が低かったことである。このため、高温の太陽から降り注ぐ高エネルギー光子による光反応で、分子量の大きい化合物が生成されても、熱分解されずに蓄積される。初期の生物は、光と反応して化学構造を変化させるような分子のスープ中に浮かんでいたのである。やがて、こうした分子を積極的に利用する生物が繁殖し、光をエネルギー源とする独立栄養生物が生まれたと考えられる。その際に、光と反応しやすい化合物、特に、光を吸収して構造を変化させるような光受容タンパク質をコードする遺伝子を持つに至ったのだろう。

光受容タンパク質は、エネルギーを得る以外にも用途がある。こうしたタンパク質が体のあちこちで作られるうちに、信号伝達系と結びついて、光をシグナルとして利用する生物も現れた。現在でも、眼がないのに光をシグナルとして感じ取る能力を持つ生物は、数多く存在する。多くの植物は、光が当たるかどうかによって細胞増殖速度をコントロールし、光の向きに応じて根や茎が育つ向きを変える（屈性）。単細胞生物であるミドリムシは、鞭毛の付け根に光照射によって活性が変化する酵素を持っているため、光のある方に進む「正の走光性」を示す。また、ダニは眼がない（あっても貧弱な機能しか持たない）にもかかわらず、眼とは異なる器官（網膜外光受容器）によって光を感じ取り、1日のうち明るい時間が長いか短いかで行動パターンを変化させる（光周性）。

現在でも見られるこれらの原始的な受光器官が、より効率的に光を集める眼に進化するには、次のようなステップが必要である。

(1) オプシンのような光受容タンパク質が、膜状の組織（網膜）に集積される
(2) 網膜に求心性の視神経が伸びて、光反応のシグナルが伝達できるようになる
(3) 網膜の外側に、透明タンパク質でできた集光機能を持つ組織（水晶体）が形成される

ただし、眼という器官が完成される以前に、網膜や視神経などの組織が生存に有利な効果をもたらし、自然選択によって集団内に拡がったとは考えにくい。現在の動物で水晶体の主成分となるクリスタリンは、当初からレンズのために用意されたタンパク質ではなく、元は代謝酵素として利用されていたものが、遺伝子重複（同じ遺伝子が複数になる突然変異）などによって変化し、水晶体に最適な物質になったことがわかっている。視神経も、視覚用に特化された構造があるのではなく、汎用的な神経組織が流用されただけである。このような事情を鑑みると、眼は、視覚器官を作るという最終目標に向かって一直線に進化してきたのではなく、転用可能な生体物質や組織がいろいろ

と作られるうちに、偶然に組み合わさって眼として機能するようになったと考えた方が良さそうである。

網膜や視神経のような生体組織レベルの進化では、偶然性と必然性が入り交じっている。分子レベルになると偶然性が、器官のレベルでは必然性が、より強く現れる。偶然性は中立説で、必然性は選択説で説明できるので、この2つの学説は、進化の全体像を理解するために、補完的な役割を果たすのである（図3－2）。

総合学説が可能となる条件

素朴に考えると、選択説と中立説は、対立する論点が多々あるように見えるので、両者が統合できたことは、不思議に思えるかもしれない。選択説は、進化を表現形質にかかわる現象と見なす。一方、中立説は、

図3-2｜眼の進化

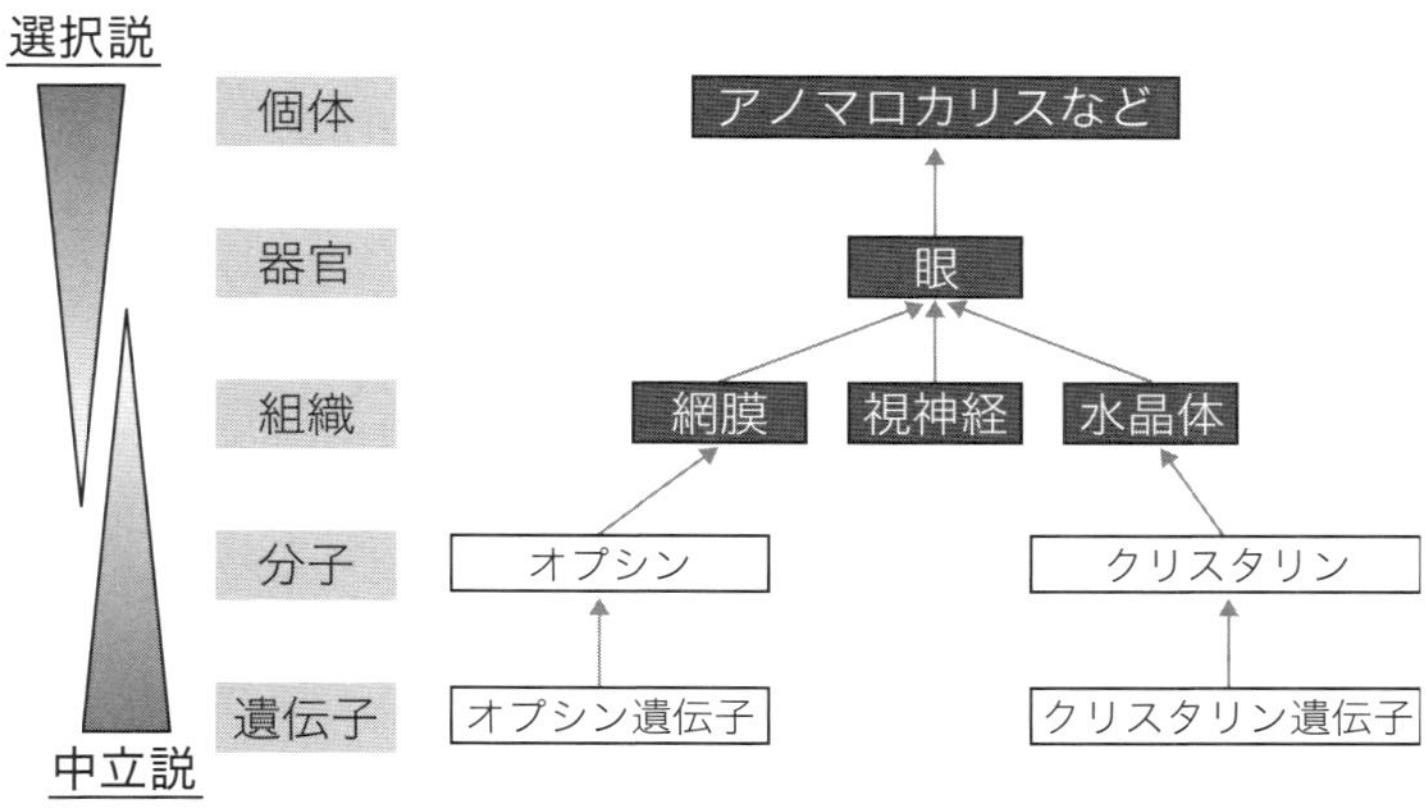

分子レベルの出来事として扱う。選択説は、生存に有利か不利かが決定的な意味を持つとし、中立説は、有利・不利はさほど重要ではないと考える。選択説の研究者はフィールドワークを重んじ、中立説の研究者は、実験と数学的解析が主な仕事となる。選択説のキャッチフレーズは「適者生存」だが、これに倣えば、中立説のキャッチフレーズは「幸者生存」となる。選択説によれば、進化には明確な方向性があり、中立説は、ランダムな遺伝子浮動によって決まるとする。表面的に見ると、選択説と中立説は、正反対の主張のようだ。

しかし、科学的な見地からすると、選択説と中立説は、対立する主張ではなく、適用領域の異なる補完的な主張なのである。選択説の研究で表現形質が中心的な主題となるのは、進化が表現形質にかかわる現象だと信じられたからと言うよりは、選択説をうまく適用できる領域が、表現形質の問題に限定されていたからである。中立説は、分子レベルの現象を扱うのに好都合な学説であって、進化の全てが分子レベルで解明できるとの信念から研究されたわけではない。選択説と中立説は、それぞれ表現形質と分子進化を扱うのに便利な学説であり、（**図3−2**に示したように）その範囲は互いに相手の不得意な分野をカバーするものである。

中立説が提唱された直後を除けば、それぞれの分野における研究者たちも、そのことを充分に心得ていた。中立説の提唱者である木村自身、選択説を否定したわけではなく、自分の学説が、タンパク質におけるアミノ酸置換のような分子レベルの現象に限定されることを認識していた。研究者たちにそうした心得があったからこそ、選択説と中立説を統合して、進化に関する大局的な見方を可能にする総合学説が構築できたのである。

現実の歴史では、選択説と中立説はうまく統合されたが、逆に、選択説と中立説の対立が解消されず、不毛な論争が続いた可能性もあった。

すでに述べたように、19世紀末には、ダーウィン流の進化論を社会に適用し、社会進化を考察する一派が現れた。適者生存という発想は、時に、優秀な人間を確保するための産児制限や人種改良を是とする優生学的な議論をも生み出した。もし、選択説の研究者が、こうした社会学的な議論を取り込んだ世界観を奉じていたならば、生存に有利・不利を重視せず、遺伝子浮動という統計的な出来事に進化が左右されるという中立説は、自分たちとは相容れぬ立場だと見なされただろう。その結果、不毛な水掛け論が延々と続いたかもしれない。

選択説と中立説が統合されたのは、それぞれの理論が、世界観のような余分な要素を持っておらず、あくまで客観的なデータによって実証すべき個別的な学説だったからにほかならない。現代科学においては、個々の学説から仮説演繹法に基づいてさまざまな帰結を導き出し、これをデータと比較検討するという方法論が採用されている。その過程でさまざまなモデルが考案され、必然的に研究内容は細分化される。このことは、科学が世界や人間の本質に迫れないことを難じる批判の論拠として使われがちである。しかし、総合学説を構築しようとする場合は、世界観のような余分な要素が付随していない方が、細分化された学説の再構成がスムーズにできる。

こうした学説の再構成は、客観的なデータによって検証された個別的な学説を組み合わせる作業であり、科学的な信頼性を保ったまま、包括的な議論を可能にする。これに対して、ダーウィンの進化論を社会に適用するように、本来の適用分野を越えて拡大解釈する場合、学説がデータと合致するかどうかのチェックが疎かにされがちであり、往々にして非科学的である。総合学説の構築と適用範囲の拡張は、全く異なったものであることを、きちんと認識しなければならない。

選択説と中立説のケースに基づいて、科学的な総合学説が構築されるための条件を列挙しておこう。

○個々の学説が過剰に拡張されて世界観を内包するに至っておらず、相互補完的に組み合わせることができる。

○どれが正当な学説かを裁定する根拠が、人間ではなく自然の側にあるという点で、合意ができている。学派の対立には、しばしば感情的な軋轢が付随するが、実験・観測から得られる客観的データを通じて自然が裁定を下した場合は、たとえ自分の信念と相反していても、それを受け容れなければならない。

○それぞれの主張の「いいとこ取り」をした折衷的な学説でも、正当ならば高く評価される土壌がある。自然科学以外では、新しい学説を作る際、折衷というやり方にためらいがあるようだが、自然科学者にとって、学説の良し悪しを決めるのは、学説を構築した方法論ではなく、客観的データと合致するかどうかなので、折衷でもかまわないのである。

科学は総合化に向かう

本章の冒頭で、現代科学は細分化しすぎて全体像が見えにくくなったことを指摘した。しかし、これは、現代科学の欠点なのだろうか？　そもそも、人間が対峙している世界はきわめて複雑であり、一個人の知性でその全体像を把握できるとは思えない。古代ギリシャの哲人のように、「万物は流転する」などとしたり顔で言ってみたところで、人生訓以上の意味は持たないだろう。複雑な世界を解明するには、同じように複雑な学問体系をもって立ち向かわなければならない。キャッチフレーズのような単純なアイデアで世界を説明することではなく、細分化された無数の学説を作り出し、これらを組み合わせて世界全体を覆い尽くすことが必要なのである。

現代科学は、個別的な研究領域に細分化され、専門家以外にはなかなか理解できない状態になっている。しかし、個々の学説に世界観のような余計なものが付随せず、客観的データと比較検討することで高い信頼性を獲得しているため、かえって、学説を組み合わせることが容易になった面もある。選択説と中立説の統合は、その好例である。

細分化された学説を統合し総合学説の構築に向かったのは、進化論だけではない。他の分野でも、そうした動きが見られることがある。

天文学の分野では、長い間、望遠鏡で観測可能な個々の天体に関する個別的な研究が主流だった。しかし、20世紀終わり頃になって、銀河の歴史という観点から、さまざまな天文現象を総合的に扱う方向性が示される。こうした総合化の動きによって、以前には、どのように形成されたかわからなかったクエーサーや不規則銀河は、初期銀河が衝突・合体を繰り返しながら成長する過程で誕生したことが明らかにされた。さらに、中心に存在する超巨大ブラックホールと共進化する銀河の全体像も、明らかにされつつある。

素粒子論では、1960年代に巨大加速器が稼働して複雑な現象が観測されたものの、原理的な理論から解明することができず、群論（パターンを分類する数学的手法）を用いて素粒子を分類する八道説や、中間子がひものように振る舞うとするひも理論など、実験データと合致するような半経験的モデルが提案されていた。ところが、60年代末になって、ゲージ理論と呼ばれる原理的な理論を使えば、こうした半経験的モデルが持つ特性が全て説明できるという見通しが示され、70年代に入って、あらゆる素粒子を包括する総合的な標準模型が構築される。

ただし、こうした総合化の動きは、常に順調だというわけではない。天文学では、銀河質量の大半を占める暗黒物質が何であるか解明されておらず、遠い将来における銀河の運命も、完全には確定していない。素粒子論は、標準模型の先に進むための「次の一手」が見いだせず、80年代から長い停滞期に入った。

これ以外では、現象があまりに多岐に渡るために見通しのつかない材料科学や、原理的な理解より医学や産業への応用が優先されがちな遺伝子工学など、総合化の兆しすら見えない分野も多い。とは言っても、細分化された専門分野に閉じこもり、これを先鋭化させるだけで充分だと思っている科学者は、さして多くあるまい。現時点では個別的な学説の集積にしか見えないが、いつかこれらを組み合わせて総合学説を構築することが、多くの科学者にとっての見果てぬ夢なのだろう。

Q「キリンの首はなぜ長いか？」という謎は、まだ進化論で説明できないと聞いたことがあります。本当ですか？

A 説明することは可能です。ただし、「何かがキリンの首を長くした」と考え、その何かを教えてほしいと願っている人が納得するかどうかは、別問題ですが。

首の長い現在のキリンの原型は200万年前の化石に見いだされていますが、第三紀中新世にいた首の短い祖先とを結ぶ中間的な（首が少しだけ長い）種は、発見されていません。地質学的なスケールと比較してごく短い期間に、小集団内部で急速に変化が進行したと推測されます。

ネオ・ダーウィニズムの立場からすると、「首が長いという特性が生存に有利なので、自然選択で固定された」と主張したくなりますが、これは、ありそうもない話です。仮に、ほんの少し首の長い個体が生まれたとしても、それだけでは高い木の葉を食べられるわけでもなく、逆に脳貧血（立ちくらみ）を起こしやすくなるため、生存上の利点はあまりないからです。少し首が伸びた個体が優先的に子孫を増やしたとは考えられません。

おそらく、キリンの首が長くなり始めたきっかけは、偶然なのでしょう。

首の長い動物は、ジュラ紀に生息していた首長竜などいろいろいますが、多くは頸椎の個数が増加しています。鳥類で言えば、インコやスズメの頸椎が11～14個なのに対して、ツルやハクチョウでは19～25個です。ところは、キリンの頸椎は、他の哺乳類と同じく7個にすぎません。したがって、ツルやハクチョウなどとは異なり、個々の椎骨が長くなるような変異が起きて、首が伸びたわけです。

生物の体の一部または全部が巨大化する突然変異は、それほど稀ではありません。不格好なほど巨大化したパーツとしては、シオマネキのハサミ、マンモスの牙、ヘラジカの角、トビウオの胸ビレなどが知られていますし、有蹄類のヒヅメやサイの皮膚のように、その姿に馴染んでいて、あまり奇妙に感じられないものもあります。こうした巨大化は、組織形成にかかわる遺伝子のコントロールに異常が生じたために起きると考えられます。

組織形成は、特定の遺伝子のスイッチがオンになって開始され、しばらく形成期が続いた後、どこかの段階でスイッチがオフになって終了します。こうしたスイッチのオン・オフは、調節を司るタンパク質の濃度変化に基づいて行われることが多いのですが、アミノ酸置換によって他の物質との結合強度が変化したり、タンパク質の分泌量が異常になったりすると、調節のタイミングがずれてきます。もし、骨形成終了のタイミングが遅れれば、その分だけ骨が大きく成長します。

こうした調節の異常は、しばしば遺伝子が偶然に変異することで起きますが、そうした変異を持つ個体は、通常、生存に不利なために淘汰されます。首が長く伸びた場合は、心臓との高低差が大きくなり、脳に充分な血流が行き届かずに脳貧血を起こす危険性が増えるため、首が長くなるような変異が起きても、すぐに淘汰されてしまうと考えられます。

ところが、キリンには、後頭部にワンダーネットと呼ばれる網目状になった毛細血管が存在しており、脳貧血を防ぐ役割を果たしています（その他にも、260mmHgという哺乳類の中でも突出した高血圧であったり、血液の逆流を防ぐ弁が首の静脈に備わったりしています）。興味深いことに、このワンダーネットは、もう一種のキリン科の現存動物であるオカピにも備わっています。なぜ、首の短いオカピにワンダーネットがあるのか不思議ですが、進化の過程で生じた、役に立たない（ほとんど中立な）突然変異の産物ではないかと考えられます。キリンの場合は、遺伝子の変異によって首が伸び始めたときに、ワンダーネットのおかげで最大の障害となる脳貧血のリスクが低減されたので、すぐに淘汰されずに首が伸び続けたのでしょう。つまり、キリンの首が長いのは、「長い首が不利になるような障害が小さかったから」なのです。

ある程度まで首が伸びると、高いアカシアの葉を食べられる、子キリンを襲うヒョウやライオンの接近に早く気づけるなど、いろいろとメリットがあります。首だけでなく、足の骨も長大になったために、走るスピードも速くなりました。体全体もかなり巨大化し、攻撃力も増しています。キリンは華奢に見えますが、実は、ヒョウを一撃で蹴り殺す力があり、成長したキリンは、サバンナでほとんど無敵です。

第4章

科学はいつ間違えるのか

科学は、学説を信じるかどうかという論点をいったん棚上げすることによって、異なる考え方の研究者を参集し、学説を練り上げていく手法である。このため、練り上げられた学説は、かなり信頼できると言って良いだろう。しかし、当然と言えば当然なことだが、科学は、万能でもなければ無謬でもない。これまで、科学は多くの誤りを犯してきた。

ただし、提唱されたばかりの新説に誤りがあったとしても、科学者のサークルでは許容される。科学的な研究においては、科学者たちがいろいろな学説を提案しては実験・観測データと比較し、その妥当性を検討する。ここで重要になるのは、既存の枠組みにとらわれることなく、自由な発想で斬新な学説を案出する能力である。斬新なアイデアが誤っていたとしても、それは非難されるべきことではない。ある学説が誤りだと見極めるのも、重要な科学的研究の一部だからである。

問題となるのは、科学による〝お墨付き〟を得たとされ、科学者サークルを離れて社会に広められた主張に、誤りがあった場合である。そうした事態が生じる理由は、いろいろと考えられる。科学者同士による検討が不充分なまま世に出された、企業研究などで特定の結果を求める雰囲気が心理的圧力となった――といった事情があるかもしれない。だが、根底にあるのは、科学者が進もうとする方向と、社会が科学に要請する方向の間に、大きなズレがあるという根本的な問題ではなかろうか。

科学者は、自分たちの方法論に従って、着実に前進できる研究を行おうとする。しかし、社会が知りたいと願うのは、そうした科学的方法論が通用しない分野への応用が多い。科学によれば、百億年後の銀河系の運命はわかるけれども、明日、直下型地震が起きるかどうかはわからない。あるいは、ある化学物質を細胞に投与したときにどんな反応が生じるかは調べられても、この物質で目の前の病人を治せるかどうかは確言できない。

科学的方法論が通用しないのは、社会の求める応用が、多くの場合、いわゆる複雑系（complex system）にかかわるものだからである。

科学的な用語としての複雑系とは、単に複雑なシステムというだけでなく、何が起きるか予測するのが困難なシステムを指す。人体や生態系、気候・土壌などの環境は、いずれも複雑系である。科学的な方法論では、ある学説から予測を導き出し、客観的データとつきあわせることで学説の妥当性を検討する。だが、社会の求めに応じて、科学を複雑系に適用しようとしても、予測を導き出すという段階で躓いて、先に進めなくなってしまう。

複雑系における予測困難性

現代科学は、極微の世界である素粒子の反応や、極大の世界である宇宙の運命について、かなり正確な議論を展開できる。そうした成果を知って、科学はなんと凄いのかと思う人もいるだろう。しかし、実は、素粒子や宇宙は、極微か極大の現象なので、かえって扱いやすいのである。

例えば、素粒子実験で調べられるのは、2個の素粒子が衝突したり、1個の素粒子が何個かの素粒子に崩壊したりする過程であり、原理的な物理法則を適用できる。原子の奥深くを探索するため、巨大な実験装置が必要となるものの、現象そのものはシンプルである。また、宇宙を扱う際には、全体的な振る舞いを知りたいので、細かな細部は無視して単純化してしまう。宇宙がどのように膨張するかを調べる場合ならば、どんな天体が存在するかは考慮せず、ある領域の平均密度だけを問題とする。このように単純化された対象の振る舞いは、比較的容易に解析できる

しかし、身近な出来事ほど、そうした単純さから懸け離れたところにある。コップの水が蒸発する過程では、水面からの距離に応じて湿度が単調に減少するのではなく、水蒸気を多く含む気塊がボコリボコリと生じては上昇する。わずかな空気の動きが重要な役割を果たすので、理論的な解析

は難しく、「コップの水が全てなくなるのに何時間掛かるか」という簡単な問いにすら答えられない。

液体と固体が入り交じった状態となると、科学者はほとんどお手上げである。どれくらいの雨が降れば土砂崩れが起きるか、土石流が発生したときにどれほどの土壌が削り取られるか、理論的な予測は不可能に近く、過去のデータに基づいて半経験的に推測するしかない。

こうした予測困難性は、基礎過程が従う方程式がわかっている場合でも現れる。**図4-1**は、ピタゴラス3体問題のシミュレーション結果である。ピタゴラス3体問題とは、「無重力空間において、3辺の長さが3：4：5の直角三角形の頂点の位置に、質量比が対辺の長さの比となる質点を置い

図4-1｜ピタゴラス3体問題

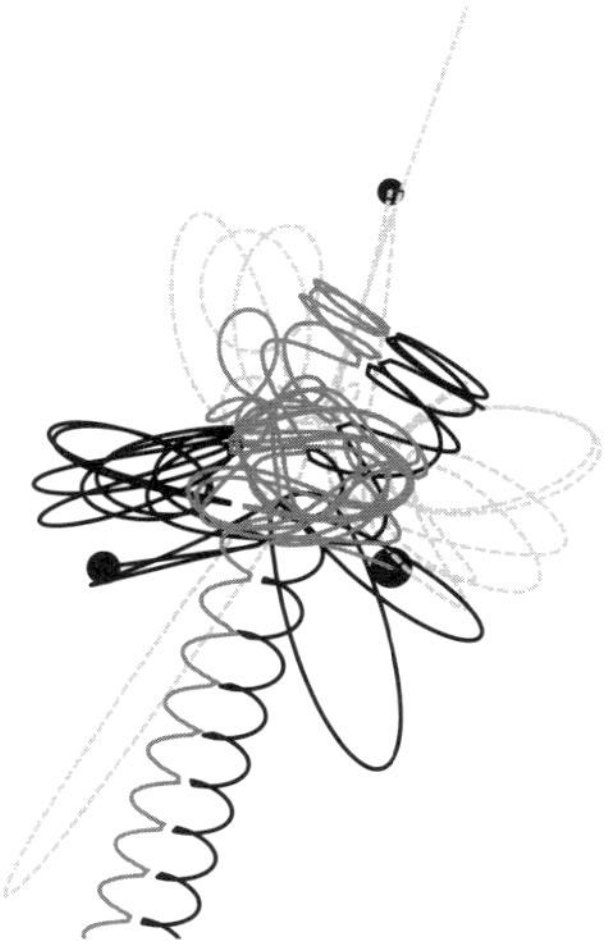

たとき、相互に作用する万有引力によって、どのような運動をするか」という問いである。このとき、図に示されるように、各質点の軌跡は見るからにグチャグチャである。「ある質点がいつ頃どの方向に弾き出されるか」といった簡単なことでも、理論的には求められない。また、最初の質点の配置で辺の長さや質量をわずかに変えてシミュレーションをすると、全く異なった軌跡を描くこともわかっている。

このように、初期条件を少し変えるだけで全く違った結果が得られることが、複雑系の特徴である。頑丈なプレス機でブロック状の岩石に圧力を加えると、力を大きくしていったある段階で、突然、砕け散るように壊れる。しかし、いつどのように壊れるかは、内部にあった小さなひび割れや部分ごとの成分の違いに影響されるため、事前に正確な予測をすることはできない。1個の岩石ですら、かなりの複雑系なのである。こうした破壊が地下で大規模に起きた結果が地震なので、科学的な地震予知は、きわめて難しい。

生物を対象とする場合、タンパク質と核酸の相互作用や免疫細胞の働きのように、高分子や細胞などの機能に限れば、科学的な研究によってかなり解明することができる。しかし、ある環境に置かれた生物集団の繁殖率がどうなるか、化学物質の曝露や感染症の拡がりによって生態系がどの程度の影響を受けるか——といった問題に対して、科学的な議論は、どうしても不確実となる。

複雑系を扱うとき、科学は、全く無力だとは言わないまでも、有効性が大幅に制限される。にもかかわらず、これまで、科学の名の下にさまざまな主張が行われ、時には、適切とは言いかねる方向に社会を導いた。典型的なのは、環境中に放出された物質の安全性に関する主張である。以下では、その実例をいくつか見ていくことにしよう。

フロンによるオゾン層破壊

複雑系に化学的に不活性な物質が残留し、科学者の予想を越える悪影響が生じた例として、フロンによるオゾン層の破壊を取り上げよう。

フロンがオゾン層を破壊する〝危険な〟物質であることは、現在では、子供でも知っている。オゾン層破壊が最初に報告されたのは、日本の南極観測隊が南極上空におけるオゾン量減少のデータを１９８４年のオゾン・シンポジウムで発表したときで、翌年、イギリスの調査隊が同様のデータをNature誌に掲載してから、世界的な大問題となった。

フロンがオゾン層を破壊する可能性のあることは、フランク・S・ローランドとマリオ・モリーナが１９７４年に指摘していたため、報告されたオゾン量減少の原因が主にフロンであることはすぐに認識された。１９８７年には、オゾン層を破壊する物質の使用を禁止するモントリオール議定書が採択され、先進国では、１９９６年までに特定フロン（破壊効果が特に大きいフロン類）の生産・使用が全廃された。こうした経緯があるため、ローランドとモリーナが警告したにもかかわらず、利益優先でフロンが使われ続け、オゾン層に大きな穴（オゾンホール）を開けてしまったと考える人も多い。

しかし、事情は、それほど単純ではない。フロンは、むしろ、安全性を追求する目的で開発された物質である。実際、身の回りでの影響に限れば、従来の物質よりも遥かに安全性が高い。ローランドとモリーナの指摘は、必ずしも破壊の度合いを明らかにしておらず、大半の科学者が、フロンによって大規模なオゾン層破壊が起きるとは考えなかった。社会で使用され続けたのは、その安全性に対する信頼が高かったからである。

フロンの開発と製品化

ヨーロッパでは、19世紀後半から有機化学が急速に発展し、さまざまな物質が合成され、産業界で利用された。特に社会的影響が大きかったのが、20世紀初頭にドイツで見いだされたハーバー＝

ボッシュ法によるアンモニア合成である。大量生産が可能になったアンモニアは、窒素肥料や爆薬の製造など多方面で利用された。そうした用途の一つが、冷蔵庫の冷媒（気化熱を奪うことで庫内を冷却する物質）である。

気化や断熱膨張を利用して冷却装置を作る試みは19世紀前半から始められ、世紀の終わりまでに、産業用冷蔵庫が開発された。冷蔵庫は、その便利さから家庭にも普及すると期待されたが、そこでネックとなったのは、冷媒の持つリスクである。当初は、アンモニアが用いられることが多かったが、腐食性があり、漏出すると悪臭と健康被害をもたらすため、家庭用の製品に用いるには問題があった。そこで、アンモニアに代わる冷媒として開発されたのが、フロンである。１９２８年にＧＭ社の技術者によって発明された後、デュポン社がフレオンという商品名で大量生産を始め、冷媒のほか、発泡剤・噴射剤・洗浄剤などとして各方面で用いられた。

フロンは、炭素・塩素・フッ素の化合物で、さまざまな種類がある。最初に開発されたフロン12は、炭素原子を中心とする四面体の頂点に、塩素原子とフッ素原子が2個ずつ付いた構造をしている。フロンの特長は、化学的に不活性で、他の物質とほとんど化学反応を起こさず、きわめて安定だという点である。不活性という性質は、アンモニアに代わる冷媒を開発する際に、最大の目標とされていた。

化学反応を起こさないために、フロンには、アンモニアのような腐食性や毒性がない（どんな物質でも過剰に摂取すると中毒症状を引き起こす――水の場合、1日に数十リットル飲むと水中毒になる――ので、毒性が全くないとは言えないが、たとえ溶剤として液化フロンを屋内で使用しても、作業員の健康被害は無視できるほど小さい）。人体に有毒な物質の多くは、体内で化学反応を起こして生命機能を阻害する。例えば、一酸化炭素は、ヘモグロビンと結合して酸素の運搬能を低下させるため、一酸化炭素中毒をもたらす。これに対して、フロンは体内でほとんど何の反応も起こさず、吸い込んでもそのまま呼気に含まれて排出されるので、安全性が高い。

科学者は、短期的な安全性を優先してフロンを開発したが、この目的は達成できたと言って良いだろう。パイプに穴が開いて冷蔵庫から冷媒が漏出しても、健康被害は生じない。ドライクリーニングの溶剤として液化フロンを用いれば、石油系溶剤と違って引火しないため、火災の心配がない。フロンが禁止された現在では、家庭用スプレーの噴射剤として可燃性のＬＰＧなどが使われるため、かえって爆発や火災が起きやすくなってしまった。

しかし、フロンの長期的な影響に関しては、誰も深く考えていなかった。

成層圏におけるフロンの振る舞い

古くなった冷蔵庫・エアコンが捨てられて破壊されたり、洗浄剤・クリーニングの溶剤として使われたフロンが廃棄されると、フロンガスが大気中に放出される。フロンはほとんど化学反応を起こさないため、いつまでも残留して漂い続ける。さて、その後で何が起きるか？ 大気の総量に比べると、フロンはごくわずかである。吸い込んでも無害な不活性ガスなので、何も起きないのではないかと思われた。しかし、放出がいつまでも続くと、残留するフロンが少しずつ増え続ける。その先に何が待つのかは、科学者といえども予想がつかなかった。

この問題を科学的に議論したのが、ローランドとモリーナがNature誌に発表し、後にノーベル賞の対象となる論文「クロロフルオロメタンの成層圏シンク：塩素原子を触媒とするオゾンの破壊」[9]である（タイトルにある「クロロフルオロメタン」とは、さまざまな種類があるフロンの一つ、「シンク」はフロンが大気中から失われるルートを示す）。

大気中に放出されたフロンは、化学的に不活性なため、ほとんど化学反応を行わないまま拡散していく。酸素や窒素よりも重いのでゆっくりしたペースではあるものの、確実に高々度まで拡がり、放出後何年かすると、高度10〜50キロメートルの成層圏に到達する。

成層圏では、気体の酸素分子（酸素原子が2個結合したもの）が太陽光線の作用で化学反応を起こしてオゾン分子（酸素原子が3個結合したもの）に変化するため、地表付近よりもオゾンの濃度が高く、特に、高度20〜25キロ付近に集中して存在する。こうしたオゾン濃度の高い領域を、オゾン層と呼ぶ。オゾン層は、生物にとって有害な紫外線を吸収する作用があり、地表の生命を守るバリアーの役割を果たす。

フロンが成層圏まで上昇すると、オゾンによる遮蔽効果が減少するため、強い紫外線を浴びることになる。このため、さしものフロンも分解されるが、その際に、フロン分子に含まれていた塩素原子が飛び出す。しかも、この塩素原子は、強い反応性を示す塩素ラジカル（活性塩素）と呼ばれる状態になっており、オゾン分子を壊してしまう。ローランドとモリーナは、大気中からフロンが失われる過程が成層圏での紫外線による分解しかないことから、地表で放出されたフロンが次々に成層圏に達しては塩素原子をもたらし、その結果として、成層圏のオゾン層がかなり破壊される危険性があると主張した。

しかし、この論文は、フロンが大気中にどれほど蓄積されるかを予測してはいても、オゾンの破壊がどの程度になるかについて、定量的な評価を行っていなかった。これは、実際に起こり得る反応過程を、完全には解明できなかったからである。

塩素原子は、オゾンから酸素原子1個を奪い、自身は一酸化塩素となる（図4－2）。これだけならば、フロンから飛び出した1個の塩素原子が1個のオゾン分子を破壊するに留まる。フロンの濃度はオゾンよりもずっと低いので、大したことはない。

ローランドとモリーナは、一酸化塩素同士が反応して再び遊離状態の塩素原子が放出され、またもやオゾン分子を破壊する可能性があると指摘した。もし、こうした反応が実際に起きるならば、オゾン破壊の過程がサイクルと

図4-2｜塩素によるオゾンの破壊

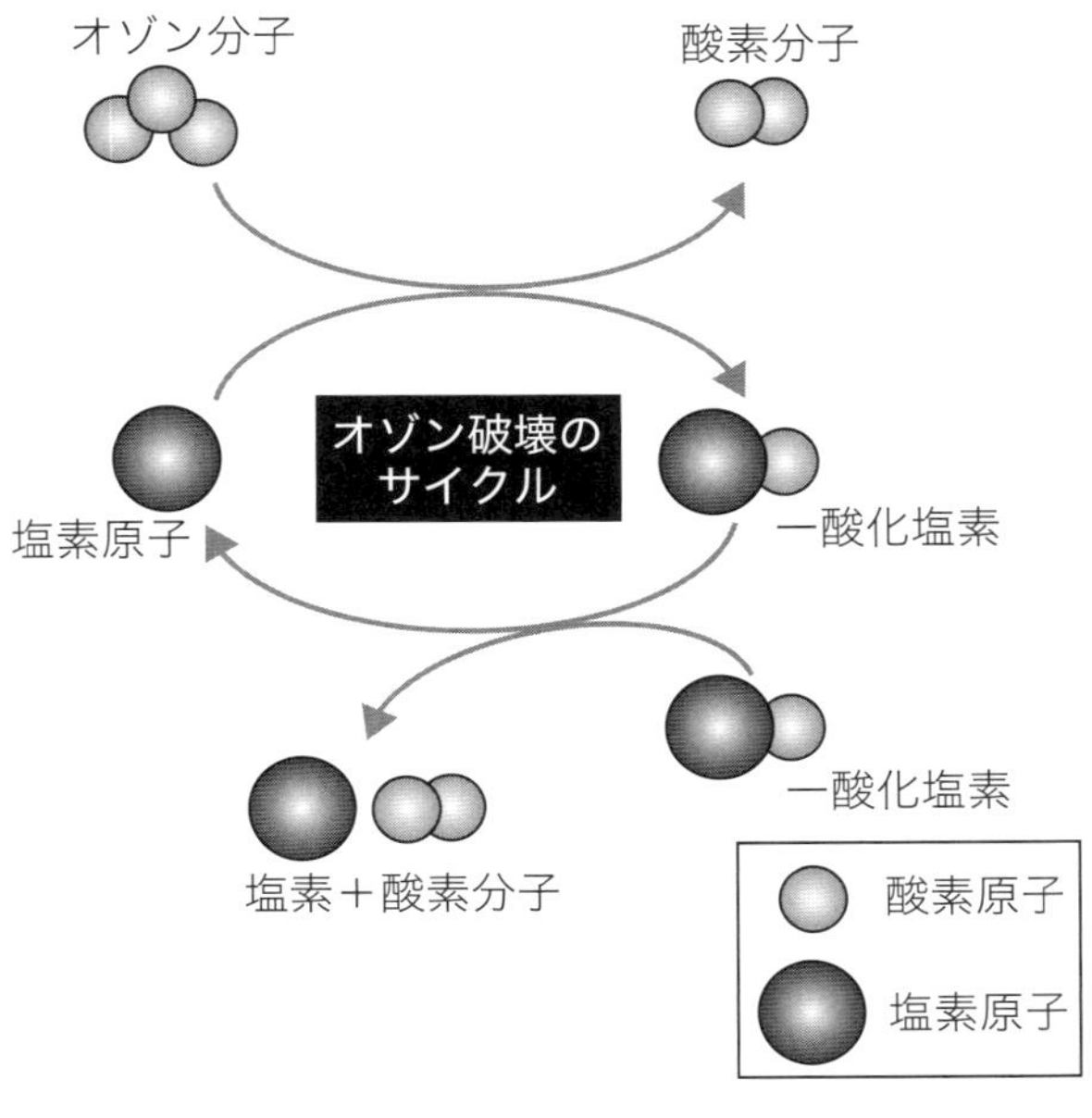

なっていつまでも続くので、1個のフロン分子から放出された塩素がどこまでもオゾンを破壊してしまう（**図4－2**）。しかし、現実には、塩素原子（あるいは一酸化塩素）が大気中に含まれる二酸化窒素や塩酸と反応して、オゾンを破壊しない不活性な分子に変化し、反応は終結するはずである。ローランドとモリーナは、反応が終結する頻度がどの程度かを議論しておらず、そのせいで、論文の信憑性を疑問視する科学者が多かった。

ところが、南極上空では、科学者が予想し得なかった反応が起きていたのである。

南極上空でのオゾン層破壊

冬の南極上空には、零下80度以下ときわめて温度が低く、極成層圏雲と呼ばれる氷粒からできた雲が形成される。この氷粒の表面に、フロンから放出された塩素を含む不活性な分子（例えば硝酸塩素）が吸着されると、氷の内側に窒素が取り込まれて、塩素を含む不安定な気体分子が形成される。塩素を不活性化する窒素などは氷粒に閉じ込められているので、春になるまで成層圏から失われる。一方、塩素を含む気体分子が紫外線を受けて分解されると、再び遊離塩素が放出される（**図4－3**、ここで示した以外の反応もある）。この塩素が、オゾンを破壊するのである。[10]

オゾン破壊をくい止めるはずの窒素などが氷粒内部に閉じ込められるせいで、南極上空ではオゾンの破壊が止め処なく進行し、遂にはオゾン層に穴が開いたような状態になってしまう。

固体や気体のように状態の異なる物質同士の境界面で起きる化学反応については、理論が未熟でよくわかっていないことも多く、氷粒の表面で起きる現象を実験室で再現することも難しい。このため、科学者は、南極上空で進行する事態を予測できなかった。南極上空のオゾンが減少しているとのデー

図4-3｜氷粒表面での反応

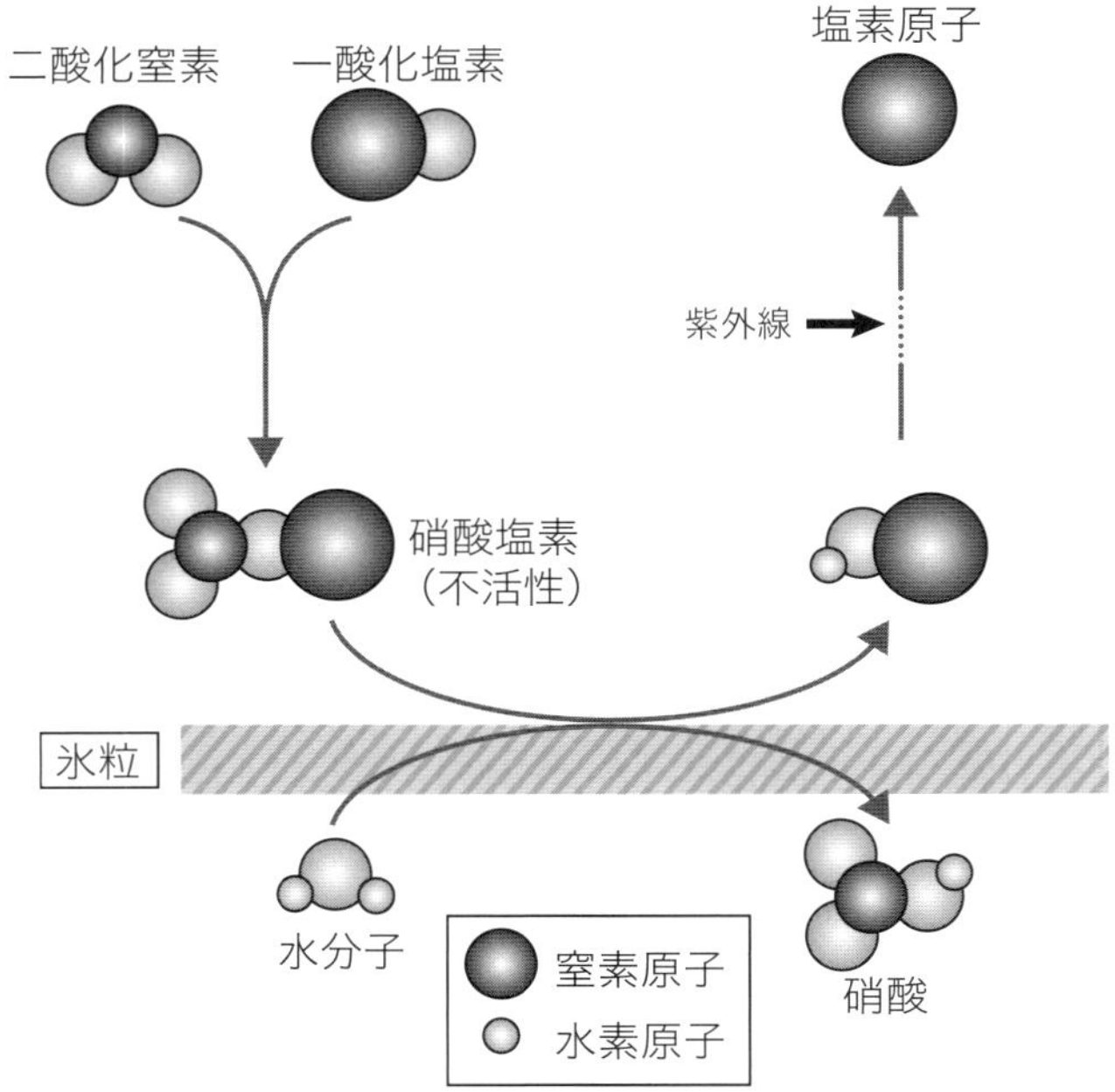

タが報告され、何が起きているか真剣に研究された結果、ほとんどの科学者が安全だと思いこんでいたフロンが、実はオゾン層を破壊する危険な物質であることが判明したのである。

フロンの危険性を予測できなかったのは、科学者の責任なのかもしれない。しかし、科学的方法論でここまで予測するのがきわめて難しいことも、また事実である。

蓄積された物質の予測不能な振る舞い

フロンのケースは、複雑系に蓄積される物質が存在するとき、何が起きるかを科学的に予測するのが困難であることを示す。同じようなケースは、他にもいろいろとある。

(1) DDT

かつてＤＤＴは、安全で効果的な〝夢の殺虫剤〟と言われた。最初に合成されたのは19世紀のことだが、１９３９年に殺虫効果が見いだされ、安価に大量生産できることから、世界中で利用されるようになる。終戦直後の日本では、発疹チフスを媒介するシラミなどの生活害虫を駆除するのに利用された。世界各地では農薬として用いられ、空中散布されるケースも多かった。

しかし、ＤＤＴには、①化学的に安定で分解されにくい、②水に溶けず油との親和性が高い――という2つの性質があり、これが潜在的なリスクをもたらすことになる。

まず、分解されにくいため、使用後はいつまでも環境中に残留し続ける（殺虫効果が持続するので、むしろ好都合だと考えられた）。河川や海に流れ込んだＤＤＴは、水に溶けないので、拡散して充分に薄められることなく、小さな滴となって漂う。この滴が生物に摂取されると、油と親和性が高いことから、すぐに脂肪組織に移行する。ひとたび脂肪組織に入り込むと、水に溶けないため、血液で輸送し尿によって排出することも難しい。また、化学的に安定なため、肝臓にある酵素でも分解されない。

体内にＤＤＴを蓄積した生物が捕食されると、ＤＤＴは捕食者の脂肪に入り込む。こうして、食物連鎖の高次捕食者ほど、多くのＤＤＴが体内に濃縮されることになる。この過程を生体濃縮という。

ＤＤＴの安全性は、動物実験によってチェックされた。ＤＤＴは、昆虫特有の神経組織に作用する神経毒であり、マウスなどの哺乳類に摂取させても、短期的な悪影響は観察されない。このため、安全性の高い殺虫剤と思われた。しかし、長期にわたって環境中に残留し、食物連鎖を通じて生物体内に蓄積されるという残留性・生物蓄積性を持つことから、何らかの悪影響が生じるのではないかとの懸念を持つ人も現れる。その一人がレイチェル・カーソンで、１９６２年に彼女が著した『沈黙の春』[11]ではＤＤＴの潜在的危険性が指摘され、人々の関心を呼んだ。

１９９０年代初め、フロリダ州に生息するアメリカ・アリゲーターの個体数減少について調査していたフロリダ大学の研究チームは、雄ワニのテストステロン（男性ホルモン）が減少し生殖能力が低下していることを見いだした。その原因として、１９８０年代に、周辺にあった農薬工場の事故で流れ込んだＤＤＴがエストロジェン（女性ホルモン）と同様の作用を持つＤＤＥに変化し、幼少期にＤＤＥに晒された雄ワニがメス化して、精子の生産など生殖にかかわる能力が低下したと推測された。このことから、ＤＤＴが野生動物の減少に関与しているという見方が強まる。ただし、個体数が減少した野生動物の脂肪組織にＤＤＴが蓄積されているという報告は少なからずあるものの、因果関係の有無はほとんどわかっていない。

それでは、ＤＤＴは危険だから禁止すべきかと言うと、そう簡単に結論できない事情がある。サハラ以南のアフリカなどでは、ハマダラカによって媒介されるマラリアが蔓延して多くの死者を出しており、安価に大量生産できるＤＤＴは、マラリア予防に有効だからである。

マラリアは、病原体であるマラリア原虫をハマダラカが媒介することで感染が拡がる疾病で、急激な発熱を引き起こす。特に、免疫を持たない子供や旅行者は重症化しやすい。２０１５年のデータによると、世界中でマラリアの感染者は2億人以上、死亡者は44万人に上るが、これでも、治療薬が開発されて死亡率が5年間で60パーセントも減少した数値である。２００６年、世界保健機関（WHO）は、マラリア予防のために「厳重な管理下で屋内散布する」という条件の下でDDTの使用を推奨すると発表し、物議を醸した[12]。

この問題を考える上では、スリランカのケースが参考になる。１９３０年代半ば、マラリア患者数が５５０万人、年間死亡者が８万人もいたスリランカでは、１９４８年からDDTの定期散布を始めた結果、１９６０年頃には数十人にまで患者数が激減した。しかし、その後、世界的なDDT禁止の流れを受け散布をやめたところ、患者数が数十万人に逆戻りしてしまった。そこで、１９９０年代から新たなマラリア対策を打ち出し、今世紀に入ってからは、殺虫剤処理した蚊帳の配布や移動診療所による治療を積極的に行った結果、２０１２年に患者数がゼロとなり、マラリア撲滅に成功した。

現在では、生体濃縮を起こさないピレスロイド系殺虫剤が主流となっており、DDTを用いるべきかどうかというジレンマは避けられるようになった[13]。しかし、これと似たジレンマは至る所に存在しており、DDTとマラリアの問題は、大きな教訓を残したと言える。

(2) アスベスト

アスベストとは、化学的には岩石と同じような成分を持つ物質（酸化ケイ素に鉄やマグネシウムなどの鉱物原子が結合したもの）が細い繊維状になったもので、特定の鉱山から産出される。古くは、古代エジプトでミイラを包む布としても使われたという。岩石と同じ成分なので丈夫で耐熱性・絶縁性があり、しかも繊維状で空気を多く含んでいて体積の割に軽い。このため、20世紀に入ってからは、主に断熱材として大量に使用された。化学的に不活性で化学反応による毒性がほとんどないため、安全な物質だと考えられ、かつては、小中学校で使う実験器具などにも使用された。

アスベストの危険性が認識されるようになったのは、1960年代になってからで、空気中に飛散したアスベストを大量に吸い込むと、肺ガンや胸膜中皮腫（胸膜にできるガンの一種）に罹りやすいことが判明した（ただし、アスベスト工場などで働いていた作業員に肺疾患が多く見られることは1930年代に報告されており、危険性を解明できなかった科学者の怠慢が非難されても仕方がない）。アスベストに晒されてから肺ガンや中皮腫が発症するまで数十年の潜伏期間があることから、「静かなる時限爆弾」とも言われる。

なぜ岩石を摂取してもガンにはならないのに、同じような成分のアスベストがガンを引き起こすのか、そのメカニズムは、今なお完全にはわかっていない。しかし、次のような過程を経てガンに至ることが推測される。

太さが数千分の1ミリ以下というアスベストは、吸い込むと肺の細胞に突き刺さる。アスベスト工場で働いていた労働者の場合、肺全体で数千万本のアスベスト繊維が刺さっていることもあるという。植物の棘や魚の骨ならば、酵素を使って分解することができる。しかし、岩石を分解できる酵素は存在せず、体内に侵入したアスベストは、表面を鉄分やタンパク質でコーティングされるだけで、長期にわたって居残る。そのまま何も起きなければ問題がないのだが、ここで、フロンと同じように、科学者が予測できなかった事態が進行した。

アスベストが突き刺さった状態は、細胞に対してさまざまな刺激を与える。細胞は、異物を排除しようと免疫機能を発動するが、アスベストを分解することはできず、免疫機能を働かせ続けることによって、酸素ラジカルが発生するなど、かえって身体に好ましくない状況が生じる。おそらく、こうした過剰な自己防衛がガンの引き金になるのだろう。アスベスト自体は化学的に不活性だが、だからと言って安全なわけではなく、突き刺さって物理的な刺激を与え続けることが危険をもたらすのである。

(3) プラスチック

プラスチックは社会の至る所で利用され、もはやプラスチックのない文明生活は考えられない。かつては、塩化ビニルなどの塩素系プラスチックが焼却処分される際、不完全燃焼によって有毒なダイオキシンや塩素ガスが発生することが問題視されたが、現在では、完全燃焼させる新型の焼却炉が導入され、こうした有害物質の発生量は大幅に抑制されている。しかし、だからと言って、プラスチックが安全に使えるようになったとは言い切れない。焼却されず環境中に放出されたプラスチックは長期にわたって残留するため、フロンやアスベストと同じように、何をしでかすか予想がつかないからである。

現在、最も問題視されているのは、海に漂うマイクロプラスチックである。海に流れ出たプラスチック廃棄物は、波の力や紫外線の影響で細かく砕け、大きさ5ミリ以下の破片となる。これらを魚などが食べた場合、プラスチックに含まれる添加剤(難燃剤・軟化剤など)や表面に吸着した汚染物質が脂肪組織に入り込む危険性がある。近年の調査によると、日本近海には、世界平均の数十倍ものプラスチック破片が漂っていると見積もられ、東京湾で釣ったカタクチイワシ64匹中49匹の体内からマイクロプラスチックが見つかったという報告もある[14]。

こうしたマイクロプラスチックが生態系や人間の健康に何らかの悪影響を与えるのか、現時点でははっきりしていないが、フロンやアスベストの例を考えると、放置しておけない問題である。

マイクロプラスチック問題の解決策として、バクテリアによって分解可能な「生分解性」のあるプラスチックを使用するという方法がある。トウモロコシやジャガイモのでんぷんから作るポリ乳酸が主成分の植物性プラスチックには、そうした生分解性があり、すでにいくつかの製品が市販されている。しかし、石油から作ったプラスチックに比べて、製造コストが高い、耐熱性・機能性が劣る、使用期間中にボロボロになる恐れがある——など、欠点も多い。

科学的方法論の限界

科学者は科学的方法論に基づいて研究を進める。化学物質の危険性を調べる場合は、培養した細胞に添加したり実験用のマウスに摂取させたりして、毒性がないかを調べる。実験室内でさまざまな化学反応をチェックし、環境に悪影響がないかも考える。しかし、こうしたやり方では、フロンやＤＤＴの危険性を事前に知ることは困難である。

一般の人は、科学的な成果が産業や生活に応用されることを期待する。しかし、そうした応用には、環境や社会、身体などの複雑系が関与するため、最終的にどのような影響が生じるのか、科学で予測することがきわめて難しい。科学者は、せいぜい、残留性のある物質には注意を払った方が良いと警告するだけである。

このように、科学が深く関与するにもかかわらず、科学の範囲内で結論が出せないケースは、「トランス・サイエンス問題」と呼ばれる。こうした問題に対しては、科学者を含む多くの人々の頭脳を集結し、文字通り衆知を集めることによって、対処しなければならない。例えば、マイクロプラスチックの被害が確認されていない現時点で、環境中に放出されるおそれのあるプラスチック製品を生分解性プラスチックに置き換えるべきかについて、利害が対立する人を含む多くの参加者が議論を尽くすことが望ましいだろう。

AI利用の可能性

しかし、客観的な根拠が何もないまま利害の対立する人同士が顔を合わせても、議論が紛糾するだけになってしまう危険性がある。何らかの客観的な根拠に基づいて、議論のたたき台を用意すべきだろう。科学で充分な予測を行えないのならば、ＡＩ（人工知能）に複雑系の振る舞いを予測させることはできないだろうか？

近年、深層学習（ディープラーニング）と呼ばれる手法を利用してＡＩに高度のパターン認識を行わせる技術が、関心を集めている。グーグル社が開発した囲碁ソフト「アルファ碁」は、過去の多くの棋譜を読み込ませ、勝ちに至る打ち方のパターンを学習させることで、トップクラスのプロ棋士に勝利できるほど強くなった。囲碁は打ち方のパターンがきわめて多いため、従来のプログラミング技術では、プロ棋士に勝利するまで数十年は掛かると言われていたので、その進歩の速さは驚異的である。

深層学習とは、中枢神経系におけるネットワークの仕組みをコンピュータに応用したものである。細長い繊維状の神経細胞は、シナプスと呼ばれる部位を介して相互に結合し、ネットワークを構成する。ある神経細胞の軸索に沿って伝わってきた〝興奮〟（細胞膜内外での電位差が大きく変動する状態）がシナプスに到達すると、そこでの結合の強さによって、隣り合う神経細胞を興奮させるかどうかが決まる。シナプスの結合強度は興奮の頻度などに応じて変化するが、こうした変化が、神経系で学習が生じるメカニズムである。

神経細胞のネットワークを模した階層構造をソフトウェアで構築し、シナプスに相当するノード（ネットワークの結節点）の結合強度を変化させて学習させる手法は、１９５０年代に提案され、80年代の第２次ＡＩブームの際に文字認識などのシステムとして実現された。80年代にはハードウェアの性能が低く、学習に利用できるデータも少なかった（しかも、手で入力しなければならなかった）ため、大した成果が上げられなかった。だが、近年における半導体技術の向上と、いわゆる〝ビッグデータ〟（データ解析に利用される大量のデータ）の集積によって、より人間的な知性を実現できるようになったのである。

ＡＩの学習においては、模擬的な神経ネットワークの入力層にさまざまなデータを入力し、出力が望ましい結果となるように、各ノードの結合強度を変化させる方法が採用される。80年代、中間層がたかだか1層のネットワークが研究されたのに対して、近年では、階層をいくつも積み重ねるようになった。これが、深層学習と呼ばれる理由である。グーグル社は、この手法を使って、まず、音声認識での誤認識率を25％も低減、さらに２０１１年には、膨大な画像データから猫の顔を識別することに成功し、人間独自のものと思われてきた直観的なパターン認識をＡＩで実現する道を拓いた。アルファ碁では、３０００万種類にも及ぶプロ棋士の打ち手を入力して学習させたという。

それでは、深層学習を行うＡＩを利用すれば、複雑系の振る舞いを予測することも可能になるのだろうか？

ＡＩは複雑系を解明できるか

科学的方法論では、ＤＤＴが生態系にどのような影響をもたらすかを予測できない。個体数が激減しているオオワシなどの猛禽類や、北海などで大量死したアザラシの死体を調べると、脂肪組織にＤＤＴやダイオキシン類が濃縮されていることが判明した。しかし、ＤＤＴやダイオキシン類が繁殖率低下や大量死の原因かどうかはわからない。ＤＤＴによって性ホルモンが乱されて繁殖率が低下したり、ダイオキシン類のせいで免疫力が弱って感染症に罹りやすくなったという説もあるが、証拠はない。野生生物におけるＤＤＴの濃縮と個体数の減少が、「社会の工業化」という同一原因から生じた別々の結果という可能性もある。

そこで、野生動物の血液検査や個体数調査を定期的に行い、その結果をビッグデータとしてＡＩに学習させてみることを考えよう。野生動物の体内に蓄積される物質と、繁殖率・死亡率の間の因果関係は、科学では明らかにできなかった。だが、深層学習を用いれば、どのような化学物質が蓄積されると繁殖率がどう変化するかについて、ある種のパターンが見いだされるかもしれない。このパターンに基づいて物質の安全性を評価し、使用禁止にすべきもの、制限すべきもの、そのまま使い続けてかまわないものを決めることも考えられる。

しかし、ＡＩを使っても、限られたデータしかなければ、科学と同じように因果関係の有無が決定できないという見方もある。

ここで重要なのは、深層学習が、アルゴリズムに基づいて情報処理を行う従来の手法と異なって、データに含まれるパターンの抽出という形で行われる点である。猫の画像かどうかを判定する場合について、ごく単純化して説明しよう。画素データ（各点における明るさや色彩などの数値のセット）を神経ネットワークに入力し、いくつかの階層を経て、最終的に1か0が出力されるものとする。このとき、さまざまな画像を提示したときの結果に基づいて、中間層における結合強度を少しずつ変えていき、猫の画像のときに1、そうでないときに0が出力されるようになれば、猫に関する学習が成立したことになる。このとき、ＡＩは、「猫とは何か」という抽象的な問題の解答を見いだしたのではなく、画像のパターンと「これは猫だ」という言明の間に関連付けを行ったにすぎない。

こうした学習過程から容易にわかるように、適切な学習が行われるかどうかは、学習用に読み込ませるデータの質と、「何を」学習させるかという方針に依存する。提示されたのが猫の画像かどうか、特定の局面でどんな一手を打てば勝利の確率が高くなるか――ＡＩが圧倒的なパワーを発揮するのは、このように、与えられた状況（画像／囲碁の局面）と判定すべき言明（猫か否か／勝利確率が高まるか）が明確な関連性を持つ場合である。しかし、トランス・サイエンス問題は、得られるデータが限られていたり、何を判定すべきか曖昧であることが多く、ＡＩのパワーが通用しにくい。

道徳も常識もないＡＩ

さらに、ＡＩには、道徳も常識もないという重大な欠陥がある。

道徳がないことは、株価変動に関するビッグデータを用いた深層学習によって、株の売買を行うＡＩを開発したらどうなるかを考えると、明らかになる。おそらく、儲けを最大にするように学習させたＡＩは、大量売買による株価操作を始めるだろう。多数の株をいっせいに売却すると、他の投資家は、何らかのマイナス材料が見つかったと考えて株を売り、結果的に株価が下がる。そこで買い戻せば、株の保有数は変わらずに差額分だけ儲けることになる。意図的な株価操作は、詐欺的行為として証券取引法違反に問われる可能性があるが、摘発されたケースもビッグデータの中に入れておけば、ＡＩは、何をすれば摘発されるかを学習し、巧みに法律の網をくぐり抜けながら株価操作を繰り返して儲けを得るだろう。

常識のなさについては、ＡＩの判断がビッグデータの成立条件を変えてしまうケースを考えてほしい。人間が犯した過ちだが、2008年のリーマン・ショック（大手投資銀行リーマン・ブラザーズ社の破綻に端を発する世界的金融危機）が参考になる。

2001年頃、アメリカで新たな住宅ローンの仕組みが開発された。信用力が低い人に住宅ローンを貸して返済が滞ったとき、担保とした住宅の価格が下落していれば、貸し金の回収が困難になる。ところが、過去90年にわたる〝ビッグデータ〟を調べたところ、アメリカ国内の不動産価格が全国的・長期的に下落し続けたことはないという結果が得られた。このデータに基づけば、通常の住宅ローンが借りられない人を対象とするサブプライムローンでも、細かく分割し組み合わせたものを証券化することにより、損失が発生する確率を充分に小さくできるはずである。この〝科学的に実証された（ように見せかけた）〟安全性の故に、多くの投資銀行が積極的にサブプライムローンを採用したのである。

しかし、サブプライムローンが普及すると、〝ビッグデータ〟の条件となっていた「信用力のある人だけが住宅を入手する」という状況が変化してしまう。それまで持ち家に手が届かなかった人々に向けた住宅建設が盛んになったため、住宅がだぶついて、不動産価格が全国的・長期的に下落することになった。その結果が、リーマン・ショックである。

ビッグデータの条件となる状況が変わることは、常に起こり得る。常識のある人間ならば、（リーマン・ショック直前のようにバブルの熱狂に浮かれてしまわない限り）そのことに思い至るだろう。しかし、ＡＩは、深層学習に利用したビッグデータ自体が役に立たなくなるという状況には、決して対応できない。

ＡＩは、科学と同じく、万能でも無謬でもない。天気予報程度になら利用してもかまわないだろうが、化学物質の安全性評価をＡＩに任せるのは、かなり心配である。複雑系に関して、科学では対応できないが、道徳や常識のないＡＩも信頼できない。やはり、最終的には、多数の人間を議論に参加させ、衆知を集めてどうすべきかを判断するのが、正しい道だろう。

Q&A

Ｑ　最近、ホログラフィック宇宙論というものを知って関心を持ったのですが、正しくないと言う声もあるようです。少し前には、ＮＡＳＡがヒ素を利用する生物を発見したと発表をした後、すぐに撤回したこともありました。科学は、あまり信頼できないような気も

します。

A 最新学説は、正当かどうか多くの科学者たちが検討を重ねる以前の段階にあります。学界での支持を獲得する前に、プレスリリースなどで発表する場合もありますし、ややマイナーな学術誌に掲載された論文を、科学ジャーナリストが面白がって紹介することもありますが、いずれも、まだ充分に検討されていない学説なので、間違っていることもしょっちゅうです。

ホログラフィック宇宙論は、3次元空間で起きる物理現象の情報が2次元の面上に記録可能だという考え方です。これは、ブラックホールに物質が落ち込んだとき、その情報は、時空の地平面と呼ばれる面に完全に記録されるとする学説とも関連するもので、超ひも理論によって理論化することもできそうだと言われていました。しかし、ホログラフィック宇宙論や超ひも理論を支持する客観的データは、全くありません。理論があまりに難しく、修得するのに時間が掛かるため、その理論を信じる人以外は研究しようとしないのが実状です。そのため、これらの学説は、まだ充分に練り上げられておらず、検証もされていません。超ひも理論の研究者が一般人向けの著書を次々と書くので、関心を持つ人が多くいますが、学界では、それほど支持されているわけではないということを理解してください。

NASAの発表については、少々込み入った裏事情がありそうです。NASAは、これまで、地球外生命に関する発表を積極的に行ってきました。1999年、NASAの研究者チームが、火星から飛来し南極に落下した隕石に生命の痕跡が見られると発表して、大きな話題となりました。しかし、生命活動の根拠とされた化学物質（多環芳香族炭化水素）は、生物によらない化学反応でも生成できることなどから、現在、火星生命の存在が学界で支持されているとは言えません。2010年には、NASAの科学者が、カリフォルニア州の塩湖でDNAのリン酸がヒ素に置き換わった生命が見つかったと報告し、リンの乏しい天体でも生命は存在できると主張しました。このときの会見は、「地球外生命に関する重大発表をする」と事前にアナウンスされていたため、多くの人が注目しました。ところが、その後の研究で、当のバクテリアはリンが無ければ生命活動を維持できないことが判明し、ヒ素生命に対する関心は急速に低下しました。

2017年には、「太陽系外惑星に関する重要な発見」と事前にアナウンスした上で、水が存在できる地球サイズの惑星が7個もある恒星を見つけたと発表、「生命が存在するのでは」と関心を呼びました。しかし、この恒星は、質量が太陽の8パーセント、表面温度が2500度しかない暗い赤色矮星なので、いるとしても、生命の前駆物質程度のものでしょう。
NASAがこうした発表を繰り返すのは、予算獲得のための演出ではないでしょうか。予算配分を決定する立場にある人は、必ずしも科学リテラシーが高くないため、「地球外生命」のようなわかりやすいアピールポイントを用意する必要があります。NASAの科学者は、2014年の討論会でも「20年以内に地球外生命体が見つかるだろう」と発言しましたが、このときには、別の科学者が「そのためには高性能宇宙望遠鏡が必要になる」と言葉を継いでいます。

最新学説が正しいとは限らないとなると、科学は信頼できないように思われるかもしれませんが、実際には逆です。科学的な研究では、異端の説は無視し権威者の主張をそのまま受け容れる——というのではなく、さまざまな新説を多くの科学者が検討した上で、信頼できる定説を練り上げるという民主的な方法論が採用されます。このため、提案されたばかりの最新学説は、検討後に間違いだと判明することが少なくありません。これは、科学が民主的な手続きをとっていることの裏返しなのです。

科学が信頼できなくなるのは、複雑系のようにもともと科学的方法論が通用しない分野に応用した場合や、政府や企業から結果をせかされた場合などです。

一般の人は、画期的な新説として紹介されたものをすぐに真に受けず、あくまで、一部の科学者が主張しているだけだという認識を持つことが必要です。定説が成立したことは、公式発表のような目立つ形では行われないので、専門外の人が知る機会は少ないかもしれませんが、教科書のような概説書にはきちんと記されています。また、一般の人にとって役立つ学説は、新説よりもむしろ、(第3章で述べた選択説と中立説を総合した進化論のような)総合学説でしょう。

第5章

科学者はなぜ数字で語りたがるのか

一般の人にとって、「科学は取っ付きにくい」と感じられる理由の一つが、数字を多用することだろう。もちろん、科学的な議論だからと言って、常に数字が使われるわけではないし、科学者の中にも、数字が頻出する論文を見るとうんざりする人はいる（私がそうだ）。だが、日常的な会話などと比べると、科学論文における数字の登場頻度が圧倒的に高いことは、紛れもない事実である。

科学で数字が多く用いられることには、方法論上の理由がある。科学は、世界全体を俯瞰する立場から大上段に構えた議論をする学問ではなく、あくまで、具体的な実験・観測のデータを基にして、個別的な学説を練り上げていく手法である。個々の論文では、範囲を絞った限定的な議論しか行わないので、理論とデータの比較や学問内部での位置づけを示すために、他の研究を頻繁に引用する必要がある。その際、分野の違いによる齟齬を防ぐ上で、客観的な数字を用いることが便利なのである。

数字を使うと、異なる分野のデータを結びつけることも可能になる。その例として、第1章で紹介した小惑星衝突説を挙げよう。この学説では、白亜紀―第三紀境界層に蓄積されたイリジウムの量から衝突した小惑星の大きさを推定したが、さらに天文学のデータを使って、その大きさの小惑星が地球と衝突する頻度を見積もった。「小惑星が地球にぶつかって恐竜が滅びた」というだけでは、SFまがいの突飛なアイデアとして笑いものになりかねない。しかし、小惑星の大きさという数字を介して天文学と結びつけ、6600万年前に起きたのが1億年に1回の頻度で起きる天文学的イベントだと明らかにしたことで、学説の信憑性が格段に増した。

ただし、科学者同士の議論ならばきわめて有用であっても、一般の人が科学的知見を得ようとする際には、数字の持つ意味が適切に理解されず混乱を招くこともある。「安全／危険」といった明確な区分ならばわかりやすいのに、数字を挙げながら細かな議論を積み重ねられると、見通しが悪くなり、「安全か危険か、どっちなんだ!」と言いたくもなるだろう。

さらに、話をややこしくする原因として、科学者が提供するデータが常に信頼できるとは限らないことがある。科学的データが信頼できるのは、学界で充分な検討を重ねた後である。ところが、委員会の答申やマスコミの報道には、しばしば、学界の主流とは異なる立場からの数字が含まれる。誰が主張する数字が信頼できるかは、一般の人には、なかなか判定できない。

本章では、科学的な議論における数字の問題をあらわにする具体的な事例として、イレッサとラスムッセン報告書という2つのケースを取り上げてみたい。

イレッサ問題

科学には、「白か黒か」といったクリアカットな結論が出せず、数字を使って議論するしかない問題がある。イレッサ問題は、その典型である。

イレッサとは、抗ガン剤ゲフィチニブの商品名である。バイオテクノロジーによって開発された分子標的薬で、手術できない、または、再発した非小細胞肺ガン（主に喫煙によって引き起こされる小細胞肺ガンとは別のタイプの肺ガン）のための内服薬として、２００２年に世界に先駆けて日本で承認・発売された。

ところが、発売直後から、間質性肺炎などの重い副作用による死亡者の報告が相次ぐ。厚生労働省の発表によると、イレッサ服用後の急性肺障害・間質性肺炎など副作用が疑われるケースは、２０１１年9月までの累計報告数で２２７５件あり、うち死亡数は８４３である。ただし、間質性肺炎は肺ガン患者にしばしば見られる合併症なので、全てがイレッサの副作用とは限らない（報告された以外に副作用死が存在する可能性もある）。

これだけの問題を起こしたにもかかわらず、イレッサは、危険な薬として承認取り消しや使用禁止になっていない。日本以外の多くの国でも、肺ガン治療薬として使用されている（ただし、後で述べるように、当初に比べて適用対象が限定された）。「多くの死者を出した医薬品が、なぜ？」と思う人もいるだろう。しかし、イレッサにどのような効果があり、副作用死が多発した背景に何があったかを知ると、そう簡単に結論できないことがわかる。

イレッサの副作用

イレッサの副作用による被害がかなり大規模だったことは事実だが、抗ガン剤として、重い副作用の発生する率が特に高いというわけではない。

抗ガン剤は、一般に副作用の生じる割合が高く、さらに、効き目や副作用の現れ方に個人差が大きい。これは、ガンという病気の特性に由来する。

ガンとは、身体にふつうに存在する細胞の遺伝子に異常が生じ、止め処なく増殖し始める病気である。もともとふつうの細胞だったので、ガン細胞を殺傷しようとすると、しばしば正常細胞まで殺してしまうため、抗ガン剤は重い副作用をもたらしやすい。

しかも、細胞の働き方には個人差があるので、薬に対する反応は、人によって大きく異なる。例えば、近年、評判になったオプジーボという薬は、自分の細胞を攻撃しないように免疫機能に「待った」を掛ける仕組みに介入して、T細胞（白血球の一種）にガン細胞を攻撃させるものだが、正常細胞が攻撃される自己免疫疾患を引き起こす危険もある。その一方で、高齢者など免疫機能が低下している人には、効果が乏しい。奏効率（腫瘍組織がある程度以上に縮小した人の割合）は、肺ガンで15～20パーセント、メラノーマで30パーセント弱に留まる。また、劇症1型糖尿病や重症筋無力症などの副作用が10パーセントの患者で見られ、別のガン治療薬と併用したケースでの死亡例もあった。それでも、優れた抗ガン剤と評価されるのである。

イレッサの場合、「イレッサ錠２５０」の添付文書[15]に掲載された「副作用」の項目によれば、重大な副作用のトップに掲げられた「急性肺障害・間質性肺炎」の発生率は、1～10パーセントとなっている。特別調査「イレッサ錠２５０プロスペクティブ調査」によると、対象となった３２２例のうち、急性肺障害・間質性肺炎は１９３例（５・８パーセント）で、そのうち75例が死亡したという。オプジーボのケースと比較してもわかるように、この数値は、抗ガン剤における重篤な副作用の発生率として、決して高いものではない。

副作用死はなぜ多発したか

副作用の発生率が抗ガン剤としては突出して高いわけではないのに、イレッサの副作用死が社会問題になるほど多発したのは、いくつかの不運が重なった結果である。

医薬品には、有害な副作用が付き物である。動物実験や臨床試験によって、どんな副作用がどれほどの頻度で生じるかを発売前に全て解明しておくのが理想的だが、現実には、実験数や被験者の範囲が限られるため、副作用についての理解が不完全なまま発売される。これは、全ての薬について言えることで、例外はない。こうした問題があるので、発売されてからも厚生労働省が医療機関を通じてデータを収集し、副作用情報（医薬品等安全性関連情報）として公表し注意を促す。ところが、イレッサの場合は、発売前から肺ガン患者の間で期待が高まり、2002年7月に供給が始まるや、直ちに多数の患者（最初の1年間で延べ3万人と言われる）に処方された。このため、データが充分に集まる前に副作用死が多発してしまったのである。

イレッサへの期待が異常なほど高まっていたのは、分子標的薬だったからである。分子標的薬とは、特定の生体分子に作用して機能を制御する薬で、イレッサの場合は、細胞増殖にかかわるシグナルの伝達を妨げることで、ガン細胞の増殖を抑制する。

バイオテクノロジーを駆使して1980年代から開発が続けられてきた分子標的薬は、90年代に入って製品化が始まる。中でも画期的だったのは、白血病の治療薬として2001年5月にアメリカで承認されたイマチニブ（商品名グリベック）である。かつては治療法のない不治の病だった慢性骨髄性白血病は、骨髄移植が行われるようになってから治療が可能になったものの、免疫抑制剤による副作用が問題になった。イマチニブは、骨髄移植よりも効果があるのに副作用が小さく、白血病治療に革命をもたらしたと言われる。日本では、アメリカより2年遅れて臨床試験が開始されていたが、諸外国での治療効果が大きかったため、通常は他国で承認されてから4年ほど掛かる期間を大幅に短縮し、2001年11月に輸入が承認された。

イレッサは、イマチニブが標的にしたのと同じシグナル伝達系に作用する薬であり、それだけに、副作用が小さく有効性の高い肺ガン治療薬だという期待が高まった。しかし、分子標的薬だからと言って、副作用が小さいとは限らない。イレッサやオプジーボ（タイプは異なるが分子標的薬の一種）では、重い副作用が起きることがある。

イレッサは内服薬だったため、自宅で服用する患者が多かった。このため、患者の側に「副作用はない」という思い込みがあると、間質性肺炎を発症しても肺ガンの症状だと勘違いしてイレッサを飲み続け、受診が遅れてしまう。間質性肺炎には早期治療が効果的なので、この遅れは致命的になりかねない。こうした事情があるため、社会問題となるほど多くの副作用死が起きたのだろう。

イレッサの効果

そもそもイレッサには、肺ガン治療薬としてどれほどの効果があるのだろうか。一時期、イレッサは効かないという説が流布されたこともあったが、その後、イレッサの効果がかなりはっきりしてきた。

イレッサ承認後に行われた各種の臨床試験を通じて明らかになったのは、イレッサは「ＥＧＦＲ変異」のある患者に対しては、高い腫瘍縮小効果を持つものの、この変異のない患者には、ほとんど効かないということである。ＥＧＦＲとは、ガン細胞の増殖を抑制するためにイレッサが結合するタンパク質で、ＥＧＦＲに特定の変異があると、イレッサが結合しやすくなって、効果が大幅に増大する。このため、日本では２０１１年に、イレッサの適用対象がＥＧＦＲ変異のある患者に限定された。諸外国でも、イレッサはＥＧＦＲ変異患者に限って用いられるのが一般的である。アメリカの場合、２００３年にアメリカ食品医薬品局によっていったん承認された後、２００５年に延命効果がないとして新規使用が原則禁止されたが、２０１５年になって、ＥＧＦＲ変異患者に対しての使用が認められた。

非小細胞肺ガンの患者におけるＥＧＦＲ変異の割合は、白人で10～15パーセントなのに対して、アジア人では30～40パーセントに上る。欧米の事例を基に「イレッサは効かない」という誤解が生じたのも、この民族差が原因だろう。

重要なのは、イレッサに効果があると言っても、「肺ガンが治る」わけではないという点である。あくまで、一時的にガンの増殖を抑えるにすぎない。ガン細胞は遺伝子変異を起こしやすく、長期にわたって投与し続けると、イレッサと結合しにくいＥＧＦＲ変異体の割合が増えるため、薬の効果が薄れてくる。

トランス・サイエンス問題

それでは、イレッサは使うべきなのかどうか。肺ガンに苦しむ患者から、この点を問われても、科学者には答えられない。科学的な裏付けを基に言えるのは、「どの程度の効果があるか」「どんな副作用がどれくらいの頻度で生じるか」といった数字だけである。

イレッサの効果を示す数字としては、手術不能ないし再発した非小細胞肺ガンの患者を対象に、日本を含む東アジアで行われた国際共同試験であるＩＰＡＳＳ試験のデータがある。(16) これによると、無増悪生存期間（ガンが進行しない期間）は、ＥＧＦＲ変異のある患者に対してイレッサを処方した場合で９・５ヶ月（中央値＝期間の長い順に並べたとき、中央に位置する数値）であり、別の抗ガン剤治療（カルボプラチンとパクリタキセルの併用化学療法）の６・３ヶ月に比べて、有意に長い。つまり、イレッサを用いると、病状が安定して生活の質を保てる期間が、数ヶ月延びると期待できるのである。

しかし、イレッサの効果が薄れると、ガン細胞が急激に増殖する。生きていられる期間は、どちらの治療法でも22ヶ月弱であり、イレッサを使ったからと言って、延命できるわけではない（現在では、ほかの抗ガン剤と併用して、延命効果を生む方法が開発されている）。

一方、イレッサには副作用がいろいろとある。特に重い副作用である急性肺障害・間質性肺炎は、10パーセント未満（ＩＰＡＳＳ試験では１・３パーセント、発売後に日本国内で行われた臨床試験では５・３パーセント、すでに述べたイレッサ錠２５０プロスペクティブ調査では５・８パーセント）の割合で生じ、短期間で死亡するケースもある。

科学的に明言できるのは、ここまでである。イレッサを使用するかどうかは、こうした数字に基づき、患者と主治医が話し合って決める必要がある。人によっては、「ガン細胞の増殖が抑えられている間にやりたいことがある」と考えてイレッサを使うだろうし、「副作用を恐れながらビクビク過ごすよりは」と拒否するケースもあろう。このとき、「ある治療法を採用したときに予想される余命は何年で、重い副作用の確率は何パーセントか」といったデータは、決断を下す際に参考になるはずである。しかし、最終的な結論は、科学を超えたところで出さなければならない。これが、前章でも触れたトランス・サイエンス問題である。

現代社会には、トランス・サイエンス問題が無数にある。これらに対処するために、科学者は、科学的な知見を一般の人に適切に伝えるように努力しなければならない。一般の人も、わかる範囲で科学が提示するデータについて考え、不明な点は専門家に問いただすことが望まれる。

科学とは、無条件に夢の製品を提供してくれる魔法ではなく、その使い方に関して、誰もが真剣に考えなければならない、単なる道具なのである。

信頼できない数字

科学者だけで結論が出せない問題を科学的データを踏まえて議論するためには、データの信頼性が重要になる。しかし、時には、信頼できないデータが独り歩きすることもある。その代表的な例が、原子力発電所（原発）の安全性に関するラスムッセン報告書のケースだろう。

この報告書では、確率計算に基づいて、「千人以上の死者が出る事故の頻度は、原子炉1基当たり1億年に1回以下」とされた。他の災害と比較すると、「原発による大事故の危険性は、隕石の衝突と同程度」となり、原発の安全性が科学的に立証されたものと受け取られた。しかし、1975年に公表されてからわずか4年後に、スリーマイル島（TMI）原発でメルトダウン事故が発生、あと一歩で大惨事になっていたことから、報告書で示された事故確率の計算に疑いの目が向けられた。

原発の危険性

原発の仕組みをごく簡単に言うと、核エネルギーで湯を沸かし、発生する蒸気でタービンを回して電気を作るというもの。火力発電で石油や石炭を燃やすのに対して、ウランの核分裂で解放される核エネルギーを熱源として使うのである。

ただし、原発には、生体に有害な放射能（放射線を出す能力）を持つ放射性物質が、炉心部に蓄積されるという根本的な危険性がある。核燃料となるウラン自体の放射能は弱く、取り扱う際に防護服などを着用する必要はないが、ひとたび核分裂を起こすと、分裂した破片（核分裂生成物、いわゆる「死の灰」）はきわめて強い放射能を持つようになる。

「原発の安全性を保つ」とは、危険な放射性物質を外部に飛散させないことだと考えて良い。そこで、原発では、何重もの防護壁によって、放射性物質の飛散を防いでいる（旧ソビエト製の原子炉を除く）。核燃料を含む炉心部を納めるのが、厚さ数十センチの鋼鉄で作られた、きわめて頑丈な圧力容器である。圧力容器全体を覆うのが、厚さ数センチの鋼鉄でできた格納容器、格納容器を収納するのが、厚さ1メートルほどあるコンクリート製の原子炉建屋である（格納容器が原子炉建屋を兼ねる場合もある）。

原発の運転中、核燃料は、圧力容器の中で冷却水に浸され、過熱を防いでいる。しかし、事故などで冷却水が失われ、核燃料が水面の上に顔を出す事態になると、温度が急上昇して溶け始め、圧力容器の底に崩れ落ちる。これがメルトダウンである。メルトダウンが起きるとき、核燃料は数千度の高温になっているため、溶けた部材が水と接触すると、水蒸気爆発（水が瞬間的に蒸発する現象）が起きる。また、高温下での化学反応によって水素が発生した場合は、水素爆発（水素ガスが激しく燃焼する現象で、核爆発ではない）が生じることもある。こうした爆発によって防護壁となる容器が破損し、放射性物質が外部に飛散することが、原発の起こし得る最も重大な事故である。

核燃料が水に浸されていれば、取りあえず、深刻な事態は回避できる。そこで、ラスムッセン報告書では、主に、どんなときに冷却水が失われる可能性があるかが考察された。

ラスムッセン報告書で見落とされたもの

一般にラスムッセン報告書と呼ばれる『原子炉安全性研究（ＷＡＳＨ―１４００）[17]』は、１９７２年、続々と建設されつつあった原子炉の安全性を評価するため、アメリカ原子力委員会（ＡＥＣ、後のアメリカ原子力規制委員会）が3百万ドルの資金を提供し、ノーマン・ラスムッセンの指導の下で作成された。１９７５年に公表された最終版は、本文２５０ページの他に10冊の付録がある膨大なものだが、現在でも読む価値があるのは、どのような解析を行ったかに関するごく一部だけである。

おそらく、ＡＥＣから依頼が来たとき、放射線が専門の物理学者であるラスムッセンは、かなり戸惑っただろう。当時、商用原子炉の建設がさかんに進められていたが、メルトダウンのような重大な事故は一度も起きていない。今まで起きていない事故がどのように起きるかを推定し、その確率を求めなければならないのである。

そこで、ラスムッセンが採用したのは、事故シークエンス解析と呼ばれる手法である。冷却水喪失事故の場合、何らかの原因で水が失われ始めたとき、原発のシステムはどんな道筋（シークエンス）で対応するかを調べる。ここでは、次のような道筋を考えよう（ラスムッセン報告書の記述とは異なる）：（1）水不足の可能性が検知される→（2）その情報がオペレータやコンピュータに送られる→（3）オペレータやコンピュータが水を補給するように指令を出す→（4）電源が確保されており、ポンプに電力が供給される→（5）ポンプが稼働する→（6）水源が確保されており、ポンプが水を吸い上げる→（7）ポンプから水が必要箇所に送られる。以上のステップが順次実行されれば、水が供給されるのでメルトダウンに至ることはない。

それでは、これらのステップのどれかが実行困難になるのは、どんな場合か。ラスムッセンらは、個々のケースについて分析的に考察した。例えば、電源が失われると、（4）のステップで対応が止まり、冷却水喪失事故になる。電源としては、外部から送電線で供給されるものと、所内のディーゼル発電機によるものがある（他にバッテリー電源があるが、メルトダウンを防げるほどの容量はない）。外部電源が失われるのは停電のケースなので、原発が設置された地域で停電が起きる確率を調べる。同じように、ディーゼル発電機が故障する確率も調べる。このようにして、事故に至るシークエンスの途中で適切な対応ができない確率を求め、その全てを併せることによって、メルトダウンに至る確率が計算される。

ラスムッセンらが特に注目したのが、安全装置を複数台用意することの重要性である。パイプの破断などで水が漏れ出し、停電中で外部電源が使えない場合は、非常用ディーゼル発電機を稼働させなければならない。もし、発電機のスイッチを入れても起動しなければ、大事故につながりかねない。仮に、発電機のスイッチを入れても故障して起動しないケースが、1000回に1回の割合で起きるとしよう。ディーゼル発電機が1台しかなければ、水の補給が必要なのに停電中だという非常事態が1000回発生したとき、そのうち1回はディーゼル発電機も故障で稼働せず、冷却水喪失事故になってしまう。しかし、ディーゼル発電機が2台あれば、2台とも故障する確率は100万（=1000×1000）回に1回なので、事故が起きる可能性はぐんと減る。

安全装置を複数台用意するという「多重安全設計」の考えは、原発では必ず採用されている。緊急時に炉心に高圧ポンプで水を送り込む緊急炉心冷却装置（ECCS）は、原子炉1基当たり3～4台、非常用のディーゼル発電機も数台は備わっている。重要な安全装置は全て複数台設置されるので、計算上、事故確率はきわめて低くなった。それが、すでに述べた「隕石の衝突と同程度の危険性」という見積もりである。

ところが、こうした事故確率の計算には、重大な欠陥があった。単一の原因によって複数台の安全装置が同時に機能しなくなる確率を、過小評価した点である。ディーゼル発電機の場合、別々の原因で故障するケースに限れば、2台とも故障する確率は、それぞれが故障する確率の積になる。しかし、同じ原因で2台のディーゼル発電機が動かなくなるとすれば、2台とも使えない確率は、元の原因が発生する確率となる。実は、TMI原発事故も福島第一原発事故も、単一の原因で複数の安全装置がいっせいに使えなくなったために起きたのである。

スリーマイル島原発事故

1979年、アメリカ・ペンシルベニア州にあるTMI原発2号炉で炉心部の冷却水が失われ、核燃料の半分近くが溶けるメルトダウン事故が起きた。幸い圧力容器は損壊せず、放射性物質の漏出はわずかだったため、放射能による健康被害はなかったと推定される。

事故の発端は、蒸気発生器の周辺で起きた軽微なトラブルだったが、2日前に行われた定期点検の作業ミスで安全装置が機能しなかったために事態が悪化し、炉心部が過熱し始めた（定期点検でどんなミスがあったかについては、柳田邦男著『恐怖の2時間18分』[18]に詳しい）。

温度の上昇に伴って炉心部の圧力が高くなり、そのままではパイプの継ぎ目などが破損して危険なので、ガス抜きのために、加圧器（冷却水パイプの途中に設置されていた装置）の上部にある圧力逃がし弁が自動的に開いた（**図5－1**）。ところが、この弁が故障して開固着（開きっぱなしになること）を起こしてしまい、圧力が下がっても閉じなくなった。ここから冷却水が漏れ出して、炉心部の水量が減少し出したのである。だが、弁が開固着を起こしたことを示す警報はなく、現場にいたオペレータは、誰も水が失われつつあることに気がつかなかった。

図5-1｜原子炉の概略図（TMI原発と同型）

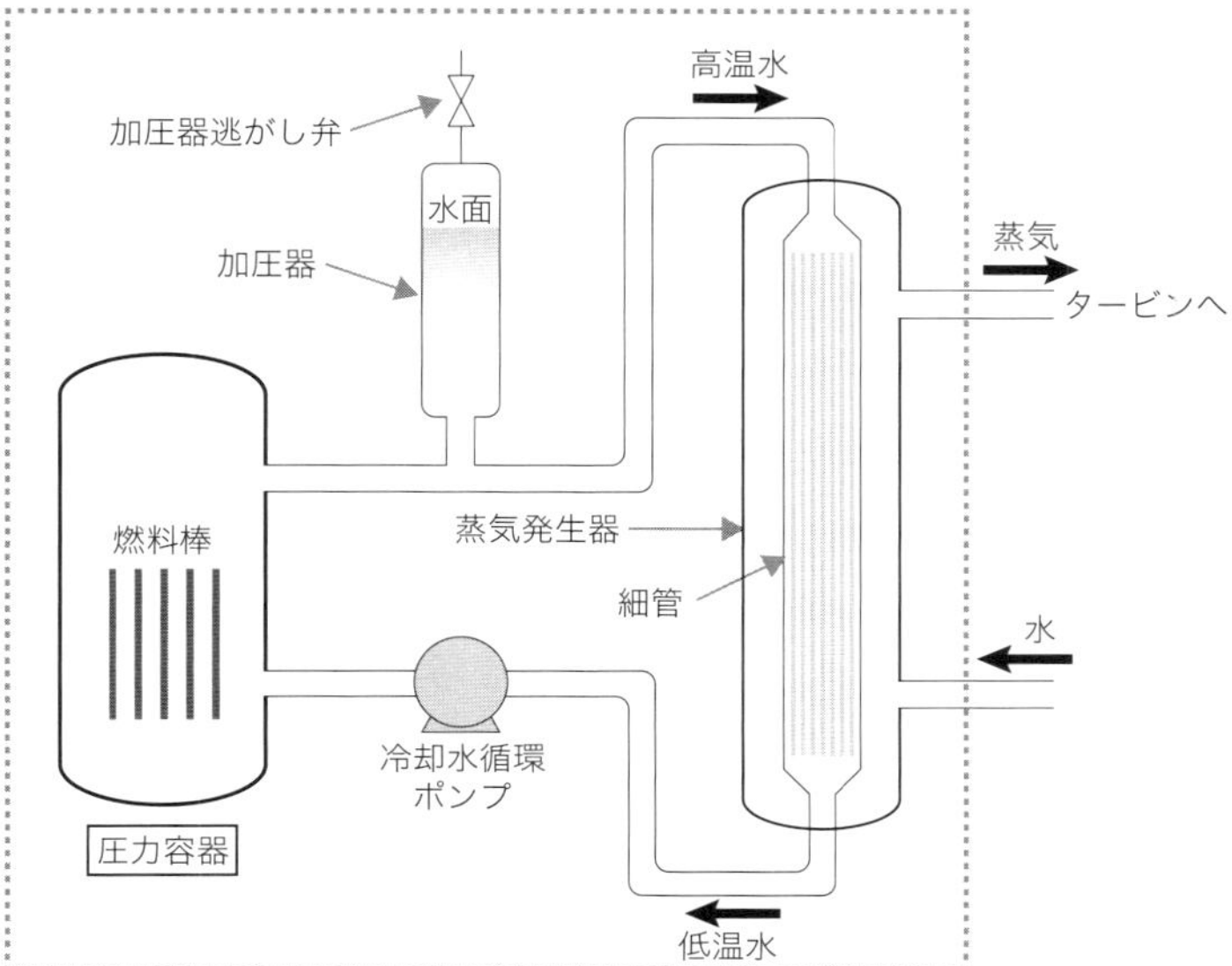

水位が低下しセンサーが水面の上に出ると、計測される圧力が下がり温度が上昇する。この情報をキャッチしたコンピュータは、直ちにECCSを起動して炉心部に水を送り込み始めた。これで危機的な事態は終息し、事故は避けられる…はずだった。

状況を悪化させたのは、圧力逃がし弁の開固着が引き起こした別のトラブルである。圧力容器に水がどれほどあるかを示す水位計のセンサーは加圧器に取り付けられていたが、加圧器内部では、上部の開いた弁に向かって下方から水が噴き上がっていたため、水面が検知できなくなり、制御室にある水位計が「満水状態」を示したのである。オペレータからすると、炉心部には水がいっぱいなのに、コンピュータが無理に水を押し込もうとしているように見えた。

平時ならば、圧力計・温度計の値と見比べることで、満水という水位計の表示は誤りだと判断できたかもしれない。しかし、このときは、100を超える警報ランプが点灯し、警報音が頻繁に鳴り響く異様な状況だった。原子炉で事故が起きると、まず現場近くにいる者が、生命の危機に晒される。冷静さを失ったオペレータは、「水はどうなっているか」と心配になると水位計に目を向けるだけで、圧力計・温度計の値と比較して考える余裕はなかった。

ECCSの起動は何らかの誤作動によるものと判断したオペレータは、せっかく動き出したECCSを、手動で停止させてしまった。重要な操作に関しては、コンピュータよりもオペレータの方が優先される。こうして、開固着した逃がし弁から水が失われ、最終的に５００トンもの水が漏出したにもかかわらず、同じ逃がし弁のせいで水位計が誤った表示をしたため、水の補給ができなくなった。その結果が、核燃料の半分近くに当たる60トンが溶融し、そのうちの20トンが圧力容器の底に落下するというメルトダウン事故なのである。

もっとも、オペレータたちも「何かおかしい」と感じたようで、コンピュータが起動した3台のＥＣＣＳのうちの1台を停止せず、出力を大幅に絞った状態で断続的に運転した。このため、炉心部の水位は上がったり下がったりし、核燃料の崩壊は複雑な段階を経て進んだと考えられる。

ラスムッセン報告書の議論では、冷却水が失われ始めたまさにそのとき、複数台あるＥＣＣＳが全て動かなくなるという事態は、確率的にほとんどあり得ないはずだった。逃がし弁の故障という単一の原因によって、冷却水喪失とＥＣＣＳ停止がともに引き起こされることなど、文字通り「想定外」だったのである。

福島第一原発事故

多重安全設計の限界がいっそう明確になったのは、福島第一原発事故のケースである。

原発における安全性の要は水であり、緊急時に注水するための電源が確保されることが、安全性を維持する上での前提となる。多重安全設計の考え方に従い、福島第一原発でも、外部から原発に電気を供給する送電システムと、送電システムがダウンしたときのための非常用ディーゼル発電機がいくつも用意され、そのどれかが動けば事故を避けられるように設計されていた。ところが、現実には、1回の巨大地震で全ての電源が失われ、冷却水喪失によるメルトダウンという深刻な事故につながった。

2011年に東日本一帯を襲った巨大地震で被害を受けた原発は、全部で4つある。北から順に、女川原発、福島第一原発、福島第二原発、東海第二原発である。このうち、深刻な事故を引き起こしたのは福島第一だけである。福島第一より大きな揺れと遡上高が1メートルほど低いだけの津波に襲われた女川をはじめ、他の3つでは、微量の放射能漏れはあったものの、いずれも深刻な事故には至らなかった。明暗を分けたのは、生き残った電源が1つでもあったかどうかである。

外部から福島第一原発に電力を供給する送電システムは、全部で3系統6回線あった（主に雷対策のため、各系統ごとに2つの送電線が用意される）。しかし、地震の揺れによって、鉄塔の倒壊、送電線の遮断（ショートしたとき保護機能が働くことによる）、変電所の遮断機損壊などが相次ぎ、続く津波によって敷地内受電施設の制御盤も水没して、全ての回線が使えなくなった（**図5－2**）。

地震の被害を受けた他の3つの原発のうち、女川原発は5回線のうち1回線、福島第二原発も4回線のうち1回線が生き残り、いずれも事故を免れた。東海第二原発は、3回線全てがダウンしたため、福島第一と同様に外部電源を喪失した(2日後に復旧)。だが、原発内部にある非常用ディーゼル発

図5-2｜福島第一原発の電源

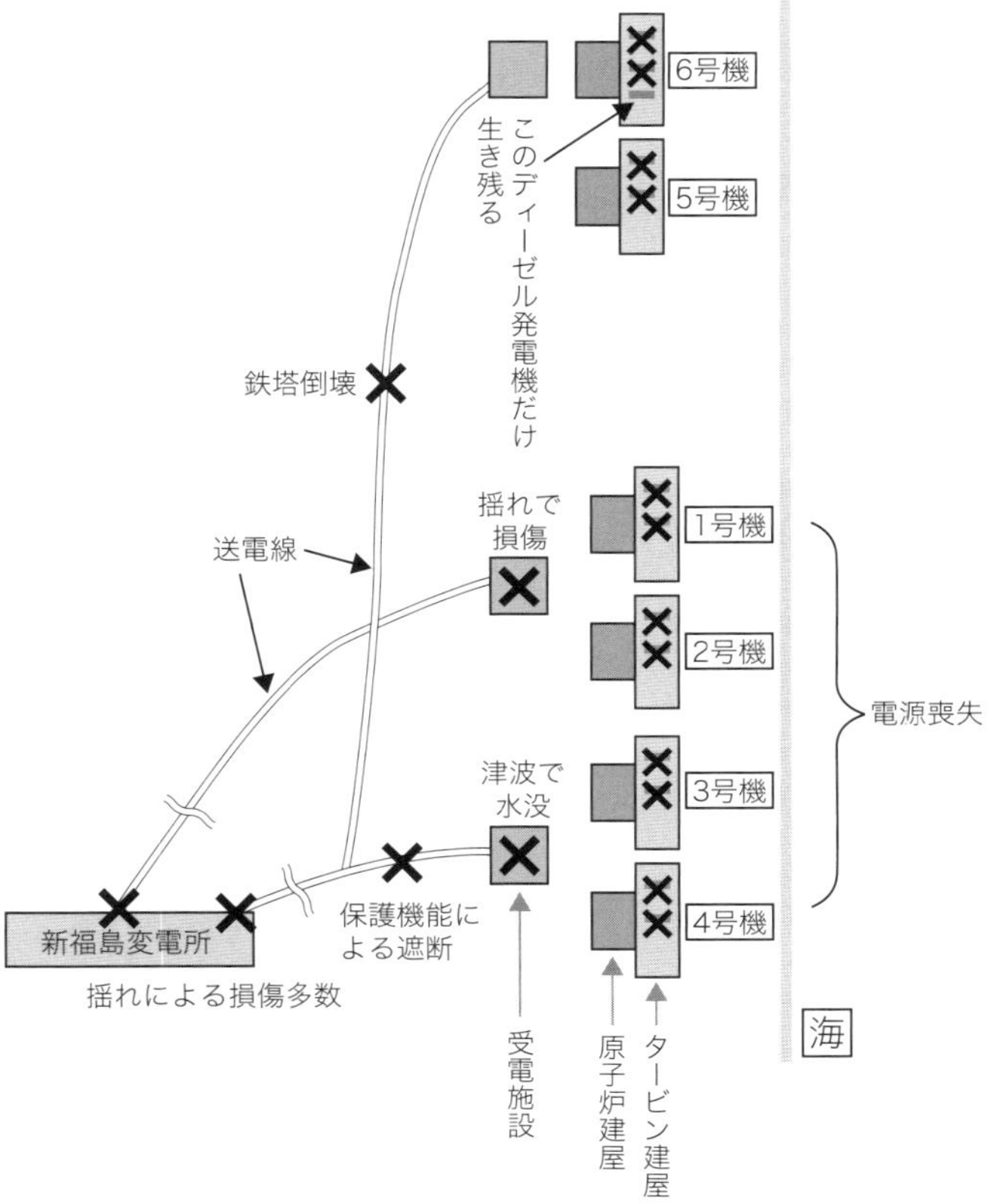

電機が動いたため、給水ポンプを稼動できた。女川や福島第二でも、ディーゼル発電機が使えた（福島第二では、1号機と2号機用のディーゼル発電機が使用不能となったが、生きていた外部電源で冷却できた）。一方、福島第一では、ほぼ全てのディーゼル発電機が使えなくなった。

福島第一原発でディーゼル発電機が使用不能になったのは、これらが、他の原発と異なり、原子炉建屋ではなくタービン建屋の地下に設置されていたからである。原子炉本体を収納する原子炉建屋は、きわめて頑丈に作られており、津波や高潮が押し寄せても大丈夫なように、潜水艦並の水密扉を備えている。このため、原子炉は、津波でほとんど被害を受けなかった（地下配管から水が流れ込むなどして、部分的な浸水にあった）。しかし、タービンや発電機を設置するためのタービン建屋は、原子炉建屋に比べて安全性の基準が低く、水密扉ではなくシャッターしか備わっていなかったため、津波の圧力に耐えきれず、変形して水の浸入を許した。

福島第一では、6基の原子炉ごとに、2台（6号機のみ3台）のディーゼル発電機が併設されていた。隣接する原子炉のディーゼル発電機からも給電可能なので、各原子炉とも4台以上のディーゼル発電機が利用でき、そのうち1つでも動けば、メルトダウンを防げるだけの電力が供給される。しかし、実際には、1号機から5号機までに併設されたディーゼル発電機は、いずれもタービン建屋の地下にあったため、津波で冠水し全て使用不能になってしまう。

わずかに、6号機に併設された3台のディーゼル発電機のうち、内陸側に置かれていた1台だけが、水没することなく稼働した。5号機と6号機は、地震の発生時には定期点検中で発電を停止していたが、このディーゼル発電機のおかげで安全が確保できた。6号機は、他と比べて海から離れており、冷却水が得られない危険があったため、水冷式ではなく空冷式のディーゼル発電機を余分に用意していたのである。

なぜ安全装置の要である非常用ディーゼル発電機を、頑丈な原子炉建屋ではなく、脆弱なタービン建屋に置いたのか? 「ディーゼル発電機を冷やすための水を汲み上げやすいように、海に近いタービン建屋に設置した」という説明がなされるが、それだけではあるまい。福島第一原発は、1号機が1967年に着工された古い原発である。1979年のTMI原発事故以降、原発の安全基準が厳しくなり、そのために建設コストが高騰したが、福島第一が設計された1960年代には、経済性が優先されていた。大型化によるコスト高を防ぐため、格納容器は独特の形状をしたコンパクトサイズで、原子炉建屋も、格納容器のすぐ外側を覆うように作られており、余分なスペースを可能な限りそぎ落としていた。こうした設計思想の下で、ディーゼル発電機も、原子炉建屋の外に置かれることになったのだろう。

タービン建屋に設置するにしても、1台は地下、もう1台は高所にと離しておけば、建屋内部が浸水したとき、高所の1台は稼働できたかもしれない。それが、津波という共通原因によって安全装置を全て失うリスクを低減する上で、基本的なやり方である。だが、設計に際して「津波は堤防で防げる」という前提があったため、地上より地震の揺れが小さい地下に2台のディーゼル発電機を並べて配置したのである。事故状況を査察した国際原子力機関（IAEA）の調査団は、「日本のいくつかの原発では、津波に伴う危険性が過小評価されていた」とコメントしたが、まさにその通りである。

ラスムッセン報告書のどこが問題か

ラスムッセン報告書が制作された頃は、原発に関する知識が普及しておらず、市民の中には、事故を起こすと原子炉が原子爆弾のように大爆発を起こすのではないかと心配する者もいた。実際には、原子炉は核爆発を起こさないように設計されており、現実に起こり得る最も深刻な事故は、大量の放射性物質を放出するケースである。そうしたケースが起こるのは、何重にも用意された安全装置がことごとく機能しないときなので、実現する確率はきわめて低い――それが、ラスムッセンらが示した「千人以上の死者が出る事故の頻度は、1億年に1回以下」という数字である（事故の頻度については、「原子炉1基当たり」の数値で示すので、原子炉が100基ある場合は、年数を100分の1にする必要がある)。

ラスムッセン報告書には、大きな問題が2つある。一つは、事故確率を過小評価した点、もう一つは短期間での死者数によって事故の深刻度を評価した点である。右に述べた「千人以上の死者」とは、事故後1年以内に死亡する者の数である。

チェルノブイリ原発事故の経験からわかるように、原発事故で特に深刻なのは、長期にわたって発生し続けるガンの影響である(チェルノブイリ原発は、ラスムッセン報告書で評価対象とされたものとは構造が異なるので、事故の内容に関しては、章末のQ&Aで取り上げる)。ソ連政府が発表した「事故死者33名」という数値が、事故の直接的な影響による急性放射線障害の全死者数を示すのかははっきりしないが、それでも、短期間の死者が何百人にも上ることはないだろう。一方、事故後数十年にわたって生じるガンの死者は、それより遥かに多い。WHOが発表した9000人という推定が比較的信頼できそうだが、数万人ないし十数万人という数字を挙げる研究者もいる。

ラスムッセン報告書の数表によると、原子炉1基当たり1億年に1回の頻度で、1年以内の死者900人の事故が起き、その際のガンによる死者は、事故後10~40年にわたって年間860人に上るとされる。この推計は、1年以内の死者数に比べてガンの死者数が少ないようにも思われるが、当時は低線量被曝による健康被害について充分に知られていなかったので、仕方のない面もある。現在でも、弱い放射線を受けたときに身体で何が起きるか、わからないことが多い。それ以上に、これだけのガン死者が予測されていたにもかかわらず、短期的な死者数によって事故の深刻度を表したことを批判すべきだろう。

報告書には、1千万年に1回の頻度で、短期の死者110人、ガン死者年間460人の事故が起きるという見積もりもあり、こちらの死者数は、チェルノブイリの状況に近い。ただし、被害総額30億ドル、避難区域650平方キロという推計は、物価の変動などを考慮しても、アメリカでチェルノブイリ級の事故が起きた場合の被害想定としては、いかにも小さい。

事故確率は、一桁低く評価されたと考えて良いだろう。1979年にTMI原発事故が発生したとき、アメリカでは、商用原発で50基ほどの原子炉が稼働していた。その多くは、1970年代に運転開始したものなので、やや多めの見積もりで、原子炉1基当たりに換算して500年の運転実績に相当する。一方、ラスムッセン報告書によると、TMI級の事故（放射性物質の大量放出がないメルトダウン事故）は、原子炉1基当たり2万年に1回の頻度とされており、推定確率が低すぎる。この確率を10倍に修正すると、運転実績500年の間に2千年に1回の事故が起きたことになり、現実と一致する。

確率の推定値が低くなった理由は、はっきりしている。共通の原因によって複数の安全装置がいっせいに使用不能になる可能性を、正しく評価しなかったからである（考慮しなかったわけではないが、確率をかなり低く推定した）。部分的であっても安全装置が機能するという前提で議論しており、事故に至る確率が、全般に低く見積もられた。

この報告書はアメリカの状況を想定したもので、地震の大きさと頻度が日本と大幅に異なるため、そのままでは福島第一原発事故に当てはめられない（被害の規模だけで言えば、百万年に1回の事故に相当する）。ただし、安全装置が水没する危険性については、正しく指摘されている。

ラスムッセン報告書では、洪水の可能性がある地域では、それまでに観測された最大の洪水ではなく、起こる可能性のある最大の洪水に備えるべきだと主張された。例えば、ミシシッピ河畔にある原発の場合、積雪・暴風雨・ダムの放流など洪水に寄与する全ての要因について、最悪の組み合わせを考慮した上で安全対策がなされたことを指摘している。もっとも、津波に関しては、当時はアメリカ国内で津波の危険性がある西海岸に原発がなかったこともあり、「危険性は無視できる」と記されただけである。

信頼できる数字の見分け方

本章では、前半でイレッサを例にして、科学的な主張の多くは、数字を用いないと本質的なことが表せないと論じたが、後半では、ラスムッセン報告書のように、科学者が示す数字にも信頼できないものがあることを明らかにした。それでは、一般の人は、科学的な議論に現れる数字に対して、どのように接すれば良いのだろうか?

科学者の主張を理解する上で、数字が重要であることは間違いない。「安全か/危険か」「使う方が良いか/使わない方が良いか」といった単純な二分法は、科学的な議論には馴染まない。科学は、問題をいったん個別的な論点に分け、それぞれについて厳密な議論をする。生物の進化という問題ならば、遺伝子の置換や体組織の変化などに関してデータを収集し、個別的な学説を確立する。その上で、進化の総合学説のように、個別的な学説を総合する包括的な理論を模索する。

しかし、総合が困難な分野も多い。イレッサに関しては、どのような副作用がどれくらいの頻度で生じるか、期待される延命効果はどれほどかといった点に関して、科学的な結論を数字で提出することはできる。だが、その結果を総合して、イレッサを服用すべきか否か結論を出せと言われても、科学者には答えようがない。それが科学の限界である。

科学によって明確な議論ができるのが、数字を提出する段階まであるのならば、少なくとも、数字は信頼性の高いものであってほしい。しかし、科学的な体裁を取った著述だからと言って、直ちに数字が信頼できるわけではない。どの数字が信頼でき、どの数字が怪しいか、どうすれば見分けられるのだろうか。

科学とは、有名無名を問わず多くの科学者が学説を提出し、学界での検討を経て、信頼性の高い学説へと到達することを目指す過程である。したがって、最初に提出された段階では、怪しげな学説もかなりある。

数字も同様である。学界で充分な検討を経て認められた数字ならば、信頼性はかなり高い。しかし、限られた範囲の科学者によって最初に提出された数字は、しばしば大きな誤りを含んでいる。ラスムッセン報告書に示されたのは、そうした数字なのである。

アメリカでは、これ以前に原発の安全性に関する確率評価は行われておらず、世界的に見ても、これほど大規模な研究は初めてだった。メルトダウン事故はもちろん、あわやという例もなかったため、事故に至るシークエンス解析は、多くの推定を基にしている。特に、共通の原因によって安全装置がいっせいに使えなくなるケースに関しては、根拠の曖昧な統計数学を持ち出しており、立論の信憑性に欠ける。

一般の人は、ラスムッセン報告書を、原発の安全性に科学が〝お墨付き〟を与えたものと解釈したかもしれない。しかし、実際には、学会で新たな学説が発表されたときと同じように、報告書が提出された直後から、他の科学者たちが内容をチェックし、厳しい批判を行ったのである。

日本では、原子力安全研究協会に「原子炉安全報告書検討グループ」が設けられ、ラスムッセン報告書の検討を行った。「解析された事故シークエンスが全てのケースを包含しているとは言えない」「発生確率の小さな事象が初めから無視されている」「共通の原因による故障に関する議論が不充分」などの批判がなされ、この議論に基づく質問書・コメントがＡＥＣに送付された。

アメリカでは、ラスムッセン報告書を批判する大部のレポートが、専門家グループによって公表された。その内容はきわめて具体的で、放射線の健康被害や放射性物質放出量などの個々の見積りに関して、数十パーセント増から数倍に修正すべきだとし、それらを全て総合すると、事故の確率は、十数倍から数百倍に上方修正されると主張した。実際に起きた事故に基づく後知恵によれば、この修正値の方がラスムッセン報告書の値よりも現実的である。

ラスムッセン報告書が議論の出発点にすぎず、そこで示された数字が学界で受け容れられたものでないことは、専門家以外には、なかなか理解できないだろう。こうした問題に関しては、科学ジャーナリストが適切な解説を行うべきである。解説がない場合、一般の人が数字の信頼性を見分けるポイントとなるのは、その主張が従来なかった新しいものかどうか（新しいほど信頼性が低い）、教科書やレビュー論文に掲載されているかどうか（掲載されていなければ怪しむべき）である。

Q&A

Q　チェルノブイリ原発事故は、どんな原因で起きたのですか？　そこから引き出せる教訓はありますか？

A　チェルノブイリ原発で使用されていた旧ソ連製の原子炉は、西側のものとは構造が全く異なっています。事故に至る過程も、ラスムッセン報告書で分析された事故シークエンスには該当しません。しかし、「大事故はこうして起きる」という貴重な教訓として、考えさせられる出来事です。

1970年代に建設が始まったチェルノブイリ原発は、慢性的な電力不足に悩んでいたソ連の大黒柱的な存在でした。当時、ソ連とアメリカは冷戦状態にあったので、軍事的な重要性を持つ原子力技術は、対共産圏輸出統制委員会（ココム）によってソ連への輸出が禁じられていました。そこで、ソ連は独自に原子炉を製造しようとしたものの、数十センチの厚さを持つ鋼鉄を加工して高さ十メートル以上もある巨大な圧力容器を作るだけの技術はなく、燃料棒を束ねて薄い被覆をかぶせた直径8センチほどの圧力管で代用しました。しかも、高熱を発する多数の圧力管を水に浸けて蓋をしただけで、放射性物質の飛散を防ぐための格納容器も用意しませんでした。

頑丈な圧力容器・格納容器がないという致命的な欠陥に加えて、チェルノブイリ型の原子炉には、さらに、次の2つの欠陥がありました。

①低出力で運転すると不安定になる。

②完全に抜いた制御棒を再挿入する際に、一時的に出力が増大する。

アメリカ製の原子炉は、ちょうど傾いたヤジロベエが自然と元に戻るように、何かの拍子に出力が増大ないし減少しても、また元の出力に戻る性質があります。この性質があるために、原子炉が暴走する危険性は小さく、安定した状態で運転できます。ところが、チェルノブイリ型原子炉は、定格出力で発電するときには安定性があるものの、熱出力70万キロワット以下になると、まるで自転車をゆっくり走らせるときのように、出力がフラフラし不安定になってしまうという特性がありました。

制御棒は、原子炉を制御するための装置で、通常は、炉心に挿入すれば核反応が抑制され、引き抜くと核反応が増大します。ほとんどのオペレータは、制御棒とはそういうものだと思って使います。なのに、チェルノブイリ型原子炉の制御棒は、目いっぱい引き抜いてから再び挿入しようとすると、先端部に中性子（核分裂を引き起こす粒子）を吸収しない部分があるせいで、出力が一時的に上がってしまうという、通常とは逆の性質があったのです。

この2つの欠陥は、アメリカの技術を利用できなかったために生まれたソ連製原子炉固有のものでした。もちろん、ソ連の技術者たちも、こうした欠陥が存在することはわかっていました。そのため、オペレータ用のマニュアルに、次のような規則を加えました。

①´70万キロワット以下の低出力での運転を禁止する。

②制御棒はある本数以上（換算本数で30本以上）を必ず炉内に残しておく。

しかし、チェルノブイリ原発のオペレータたちは、こうした規則の存在を、ほとんど認識していませんでした。なぜなら、ふつうの状況で原発を操作するとき、わざわざ低出力で運転したり、制御棒を目いっぱい引き抜いたりすることはないからです。

ふつうでない状況が生じたのが、1986年4月、チェルノブイリ原発4号炉を定期点検のために停止しようとしたときでした。技術者たちは、この機会を利用して、原子炉からの蒸気が断たれた後に、タービンが勢いだけで回り続けることによってどれくらいの電力が得られるか、調べてみようと考えました。当時のソ連製ディーゼル発電機は性能が悪く、スイッチを入れても動き始めるのに30秒以上掛かったので、それまでの間、タービンの惰性回転による発電で補えないか知りたかったのです。

手順は簡単です。原子炉の熱出力が100万キロワットまで下がったとき、蒸気の供給を止め、その後でタービンがどの程度の電力を生み出すか、メーターを読んで記録するだけです。数分で終わるはずでした。技術者たちは、どのような操作をすれば良いかを書いた手順書を、当日のオペレータに渡しました。

ところが、当日になって、キエフ市から電力不足のため発電を続けてほしいと要請があり、実験が深夜にずれ込んでしまいました。交代した当直の若いオペレータは、手順書を見たはずですが、慣れていなかったせいか、100万キロワットで行うはずの操作を忘れてしまい、気がつくと、出力は3万キロワットまで下がっていました。

おそらく、現場の人はみんな真っ青になったでしょう。この実験は、原子炉を停止するときにしかできないので、次に実験する機会は、1年後に予定された定期点検の際になります。当時のソ連は硬直化した官僚主義が蔓延しており、1年に1回しかない実験の機会を無にしたとなると、どんな処罰が下るかわかったものではありません。

手順書を見ると、実験は熱出力100万キロワットで行うとなっています。そこで、現場のオペレータは、下がった出力を再上昇させるために、片っ端から制御棒を抜いていきました。

出力が下がって止まりそうになった原子炉では、核分裂を阻害する物質（キセノンなど）が発生するので、なかなか出力が上がりません。このため、200本以上ある制御棒をほぼ全て引き抜き、炉内に換算本数で6～8本しか残っていない状態になっても、出力は20

万キロワットにしかなりませんでした。

それでも、オペレータたちは実験を行おうとします。タービンに送られる蒸気を止めてメーターを読んでから、急いで実験を終わらせようと、緊急停止ボタンを押しました。このとき、70万キロワット以下の低出力で不安定になっていた原子炉に、一時的に出力を増大させる性質を持った200本以上の制御棒が、いっせいに挿入されたのです。

その結果は破滅的でした。出力が急激に上昇して高温になり、圧力管が破裂して飛び散った破片が水と接触、水蒸気爆発を起こしたのです。建屋の天井は吹き飛び、その後に続いた大火災の上昇気流に乗って、圧力容器も格納容器もない剥き出しの放射性物質が飛び散っていきました。

チェルノブイリのケースと同じ過程を辿る原発事故は、西側の原子炉では起こりません。しかし、心理的プレッシャーの加わった人間は、冷静な人から見ると信じがたい行動を取るものだという良い教訓になっています。

第6章

科学とどうつきあえばよいのか

最近、科学に対する不信感が高まっているように感じられる。きっかけは、２０１１年の東日本大震災だろう。Ｍ（マグニチュード）９という超巨大地震が想定外だったことや、地震に対して安全とされていた原子力発電所で大事故が起きたことが、科学の限界を露呈したと受け止められたようだ。また、理化学研究所におけるＳＴＡＰ細胞の発見（後述）など、有名な研究機関で行われノーベル賞級と言われた業績が、後になって虚偽と判明したことも、科学に対する信頼を失わせた元凶の一つと言えよう。

超巨大地震が予測できなかったことについて、地震学者の側にも言い分がある。地震は、マントルの対流が岩盤を動かそうとする力と、岩盤同士が固着して動くまいとする力が拮抗した状態のさなか、固着していた部分が壊れて岩盤がズルッと動く現象である。こうした破壊現象は、（第４章で述べた）複雑系の振る舞いなので、「岩盤の運動方程式を解いて、地震がいつ起きるかを求める」といった理論的な予測は不可能である。

現在の地震学で可能なのは、これまで起きた地震のデータを統計学的に分析して、「ある地域で今後何十年以内に地震が起きる確率は何パーセント」と推測することである。しかし、地震計が設置されたのは１８８０年代になってからで、それ以前の文献記録を併せても、統計的な扱いができるデータは、過去数百年分しかない。それでも、西日本ならば、千年以上前からある程度の記録が残されており、どの程度の頻度で巨大地震が起きるかを見積もることもできる。ところが、東北地方になると、鎌倉時代以前の記録はごくわずかしかない。地震学者たちは、限られたデータを基に、東日本における巨大地震を予測しなければならなかった。

太平洋プレートが日本海溝に年間8センチ程度のスピードで沈み込んでいるのに、過去数百年もの間、超巨大地震が起きていないのはなぜか。東日本大震災が起きるまでは、固着が弱く岩盤がスルスルと滑るスロースリップが起きるからだと考えられていた。地震が起きて初めて、西暦869年の貞観地震以来、千年以上にわたってひずみを蓄積し続けてきたとわかったのである。

貞観地震については、『日本三代実録』なる史書に記録があるものの、あまりに格調の高い漢文なので信憑性が疑われていた。大規模な津波を伴う巨大地震だったことが確実になったのは、20世紀末からの堆積層の調査によってであり、特に、2005年から行われた組織的な調査で、過去3000年間に3回の大規模津波が発生したことが判明した。東日本で起こり得る超巨大地震に関して本格的な研究を立ち上げようとした矢先に、東日本大震災が起きたのである。

複雑系なので理論的予測ができず、統計データに基づく確率予測をしようにも、千年以上前のデータが充分でなかったから――これが、東日本大震災を予測できなかった地震学者の言い分だろう。

いかに科学といえども、データがなければ何もできない。

前にも書いたことだが、科学は万能でも無謬でもない。これまで、科学は多くの誤りを犯してきたし、今後も、誤りのない学説だけを集めた体系を作ることは不可能である。複雑系の振る舞いは予測しきれず、科学の手に余るトランス・サイエンス問題は無数にある。それでも、科学はきわめてパワフルであり、その力をうまく利用すれば、社会をより良い方向に導くことも夢ではない。そこで必要とされるのが、科学リテラシーである。

科学リテラシーとは、単に、科学の基礎知識を身につけていることではない。科学には何ができて何ができないか、ある学説にはどの程度の信頼性があり、その成果をどこまで利用すべきか——などの問題について、たとえ専門的な知識がなくても、自分の意見をまとめられるだけの素養があることを意味する。端的に言えば、「科学とのつきあい方を知っている」ということである。

必ずしも信頼できない学説の例——送電線と白血病

科学とつきあう際に特に重要になるのが、信頼できそうな情報とそうでない情報を見分けるスキルである。もちろん、この作業は専門家にとっても難しいことであり、確実な見分け方があるわけではない。そこで、まず信頼できない学説の具体例を見ることで、どこに問題があって信頼できなくなったのかを考えることにしよう。

研究者が意図的な不正をしたわけでなくても、後に誤りと判明する科学的主張は、少なくない。多くは、単純な実験ミスや測定数の少なさに起因する偶然誤差、選択バイアスなどによるデータの偏りが原因である。中でも注意しなければならないのが選択バイアスで、調査対象を選ぶ段階で何らかのバイアスが加わり、真の値から系統的なズレが生じるような状況を指す。

選択バイアスが混乱させたと考えられるのが、高圧送電線と小児白血病の因果関係を巡る議論である。高圧送電線に交流電流が流れると、周囲には、交流と同じ周波数で変動する電場と磁場が生じる。このときの周波数は、通信に用いられる電磁波よりも遥かに小さいので、超低周波と呼ばれる。超低周波の磁場が健康に悪影響を及ぼすという主張は、20世紀前半からあったが、社会問題化したのは、１９７９年に、社会病理学者のナンシー・ウェルトハイマーらが、コロラド州デンバーで行った調査結果を発表してからである[19]。

ウェルトハイマーらの研究では、ある期間にデンバーに居住し、小児白血病を発症して19歳以前に死亡した人が調査対象とされた。まず、対象者が居住した住所を調べ、送電線と住居の位置関係から磁場の強いグループと弱いグループに分けた上で、強磁場の住居にいた人の割合を求める。次に、比較するための対照群として、同じ時期にデンバーに居住した人をランダムに選び出し、強磁場の住居にいた人の割合を調べる。その結果、白血病を発症した人では、強磁場グループの比率が高いというデータが得られた。

例えば、デンバーの旧街区生まれで小児白血病になった１１９人のうち、42人が強磁場グループだったが、白血病にならなかった対照群１１７人のうち、強磁場グループは26人しかいなかった。こうしたデータに基づいて、「超低周波磁場に曝されると、小児白血病になりやすくなる」という説を主張した。

この議論が一般向けの雑誌New Yorkerで大きく取り上げられたこともあり、80年代後半から、送電線に対する住民の反対運動などが活発になる。

超低周波磁場と白血病に関しては、現在に至るまで、世界各地で多くの調査が行われている。症例が充分に多くないためにデータにはばらつきがあり、相関を示唆するようなデータは存在するものの、因果関係があると言えるほど明瞭ではない。

1997年にアメリカ国立ガン研究所が提出した調査報告では、送電線の配置から推定していた被曝線量を、被験者に24時間モニターできる磁場測定器を取り付けることで得た正確なデータに置き換え、精密な分析を行った。その結果、「送電線が発する超低周波と小児白血病の間に、因果関係は認められない」という結論が得られた。

多くの調査結果を総合すると、平均磁場がある範囲（0・4〜0・5マイクロテスラ）以外の場合、白血病の有意な増加は認められない。一方、この範囲に入ると、白血病が増加することを示唆するデータはある。ただし、症例数が少ないので、誤差と解釈することもできる。

また、マウスなどを用いた動物実験では、超低周波が白血病を引き起こす証拠は見いだされなかった。

「因果関係が認められない」という見方は、アメリカ国立環境衛生研究所（1999年）やWHO（2007年）の報告書でも共通する。[20] ただし、発ガン性がないという証拠も見つからなかったので、「電力がもたらす社会的・経済的利益を損なわない範囲で、電磁波の曝露を低減するための措置を実行するのが合理的だ」という留保が付けられた。

国際ガン研究機関（IARC）による発ガン性リスク評価において、超低周波磁場は、小児白血病に関して「発ガン性の証拠は限定的である」、他の全てのガンに関して「発ガン性の証拠は不充分である」とされ、カーボンブラックやガソリンなどと同じく、「グループ2B・発ガン性の恐れがある（＝発ガン性があるかもしれない）」に分類される。

それでは、白血病が増加することをはっきりと示すウェルトハイマーのデータは、何だったのか？ 送電線と白血病の双方と関連する第3の因子が存在した可能性も、否定できない。しかし、もっとありそうなのは、全くの偶然により、白血病になった子供の近くに送電線があったという状況である。

ほとんどの小児白血病は、周辺に病気を引き起こしそうな施設のない場所で生じるが、そうした事例がどんなにたくさんあっても、誰も注意を向けない。これに対して、白血病になった子供のそばに、送電線であれ化学工場やゴミ処理施設であれ、何か目立つものがあると、そのせいではないかと気にかかるのがふつうである。こうした気がかりな点が見つかったとき、社会病理学者ならば、その件に関して調査を行い、統計的に有意な相関があると認められれば、論文を執筆する。

しかし、この相関は、偶然の産物かもしれない。なぜなら、ほかの地域で、「送電線（あるいは、化学工場やゴミ処理施設）と白血病の間に関連性はない」ことを示すどんなに多くの事例があっても、誰も論文を書こうとはせず、「何かがあるのではないか」と思わせるような事例が見つかったときにだけ、論文を執筆する科学者が現れるのだから。このように、「科学者が論文を書きたくなるような事例が選択される」というのも、一種の選択バイアスである。

さらに、送電線と白血病の関係が社会問題になって以降は、住居内で磁場の測定を行う調査に際して、協力が得られる家庭に偏りが存在することも予想される。近くに送電線があり、「うちの子はこのせいで白血病になったのでは」と疑いを抱く親の方が協力的だというのは、ありそうな話だ。この偏りが、選択バイアスとして、データに影響を及ぼした可能性もある。

全く信頼できない学説の例——ワクチンと自閉症

科学者の不正が疑われるケースも、一部にある。いまだに誤解が根絶できていない「ワクチンが自閉症の原因になる」という学説に注目してみよう。

ワクチンとは、病原体から得られる抗原（免疫反応を引き起こす物質）を含む医薬品で、これを投与することで免疫機能を活性化させ、感染症を予防する。かつて人類を苦しめた天然痘を根絶するなど、絶大な成果を収めてきたワクチンだが、その一方で、一般市民の間には、不安が根強くはびこり続けている。

ワクチンに不安を感じる人が少なくないのは、無毒化／弱毒化されたとはいえ、病原体の一部を体内に注入することに対する嫌悪感が払拭できないためだろう。確かに、弱毒化が不充分だったり汚染物質が混入したりして、ワクチンのせいで病気になったケースは存在する。現在でも、生きたウィルスを利用する経口生ポリオワクチン（ポリオが流行するアフリカなどで使用されるワクチンで、日本では使われない）でポリオが発症することがある。しかし、近年のワクチンは改良が進んでおり、危険性は充分に小さい。

統計的に見ると、日本などの医療先進国で広く用いられるワクチンの場合、そのせいで病気になるよりも、病気を予防できる確率の方が、遥かに高い。例えば、厚生労働省の調査によれば、HPV（子宮頸ガン）ワクチン接種後に全身の痛みやしびれなどを訴える人が10万人あたり92人いる（副作用かどうかは不明）一方で、ワクチン接種によって子宮頸ガンにならずに済む人は、10万人あたり595～859人に上るという。[21] にもかかわらず、ワクチンに対する不安から、接種しない（あるいは、わが子に接種させない）ケースが後を絶たない。

ワクチンに対する市民の不安を煽ったのが、1998年、有力な医学誌Lancetに掲載された論文である。[22] この論文は、A・J・ウェイクフィールドら13人の共著者によって執筆されたもので、MMRワクチン（麻疹、流行性耳下腺炎、風疹の混合ワクチン）を接種した子供が自閉症を発症しやすくなることを強く示唆する内容だった。

自閉症の子供は、かつて「数千人に一人」と言われていたが、近年になって診断数が急増した。その背景には、アメリカ精神医学会の診断マニュアル（DSM）が改訂され、自閉症に含まれる範囲が広がったことがある。1994年の第4版では、それまで6つの基準を全て満たす場合に限定していたのに対して、16の基準のいずれか8つを満たす場合に自閉症と診断するように改訂された。こうした診断基準の変更もあって、アメリカでは、1990年代後半から、学習障害や精神遅滞（現在では用いられない分類）とされる子供が減る一方で、自閉症と診断される子供の数が急増し、今世紀初頭には166人に一人が自閉症とされた。[23] DSM第5版が使われるようになった2014年には、68人に一人が「自閉症スペクトラム（アスペルガー症候群などを含む広義の自閉症）」と見なされた。

自閉症と診断される子供の急増に対して、診断基準の変更という説明を受け容れず、自閉症を引き起こす何らかの原因が外部にあると考える人も現れる。彼らが〝犯人捜し〟をする過程で問題視されたのが、1970年代から急速に普及したMMRワクチンである。ウェイクフィールドらの論文は、こうした見方を裏付けるものと受け取られた。

論文によれば、ある小児胃腸科を受診した患者のうち、一度獲得したスキル（言語を含む）が失われる退行性の発達障害が見られた3〜10歳の小児12人を詳しく調べたところ、9人が自閉症（他は脳炎など）で、うち7人が、MMRワクチンを接種してから24時間〜数週間程度の短期間のうちに、最初の異常行動を示したという。また、全員が、MMR以外も含めたワクチン接種後に、症状が現れたとされた。いずれも大腸炎などの胃腸障害が見られたことから、ワクチンが腸管の炎症を引き起こし、その結果として、有害なタンパク質が血管に入り込み脳を冒したのではないかと推測された。

論文出版後、その内容を詳しく紹介しMMRワクチンに対して警鐘を鳴らす書籍や特集番組が相次いで世に出たことから、英語圏を中心に、ワクチンに対する不安が著しく高まった。

しかし、現在では、この論文の内容は全くの誤りだったことが判明している。論文で退行性の自閉症とされた9人を再調査したところ、はっきりとそう診断されたのは一人だけで、3人は自閉症ではなかった。また、全ての患者が「以前は健康だった」と記されていたにもかかわらず、5人はワクチン接種前から発達障害が懸念されていた。例えば、ある子供は、生後16ヶ月でワクチンを接種されたが、生後9ヶ月の時点で、母親が医師に「音がきちんと聞き取れていない」という（自閉症によく見られる）症状を訴えていた。さらに、論文で、ワクチン接種後数日以内に異常行動を示したとされる子供の何人かは、診断記録によると、接種して数ヶ月後に初めて異常が認められたという。[24]

さまざまな批判があったことから、共同執筆者13人のうちの10人が結論を取り消す見解を発表、2010年には、論文そのものが撤回（＝なかったことに）された。

MMRワクチンと自閉症の間に直接の関係がないことは、アメリカ、ヨーロッパ、日本で行われた大規模調査でも確認されている。日本では、ワクチンが原因と推測される無菌性髄膜炎の報告が相次いだため、1989年からMMRワクチンの接種率が急速に低下するが、横浜市港北区内で3万人あまりの子供について調べたところ、自閉症の報告数は、この期間に逆に大幅に増大していた。[25]統計データから見て、MMRワクチンが自閉症を引き起こすとは考えられない。

信頼できる学説の見つけ方

これまで繰り返し述べてきたように、科学とは、完成された知識の体系ではなく、研究遂行のための方法論である。まず、実績の有無や所属機関のレベルによらず、科学的方法論をわきまえた多くの人に門戸を開いて、学説を提出してもらう。その上で、扱われる問題に関心を持つ全ての科学者が、ほかの実験・観測で得られたデータと比較したり、異なる分野まで含むさまざまな学説と照らし合わせたりしながら、提出された学説の妥当性を検討する。こうした後続研究を経て正当だと認められた学説は、定説として体系に組み込まれ、教科書などに記載される。

科学の分野では、学説が公表される際にあまり厳しい制限を設けない。このため、専門家なら少し怪しい内容だと気がつくものでも、専門知識の乏しい科学ジャーナリストが目を向けて一般人向けのメディアで紹介し、社会に流布され影響力を及ぼすことも起こり得る。ワクチンと自閉症の論文は、その典型的なケースである。

誤った学説が流布されるのを防ぐために、公表前に専門家が信頼できる学説を選別しておくべきだと考える人がいるかもしれない。しかし、この手の〝検閲〟を行うと、アイデアの芽を摘み取ってしまう危険性が大きい。第2章で紹介したベドノルツとミュラーによるセラミックス超伝導体の論文など、従来の常識から逸脱していた上に、記載された実験データも万全ではなかったため、事前の選別があった場合、日の目を見なかったかもしれない。

科学は、従来の常識を覆す斬新な発想によって、何度も飛躍を遂げてきた。学説の公表前に選別を行うのは、科学の進歩を損なう結果をもたらす。誤った学説が公表されないように厳しく対処して、結果的に成功の芽を摘むよりは、公表された後で誤りを訂正する仕組みを用意した方が好ましい――それが、科学者の一般的な考えだろう。

選択バイアスや科学者の不正などの原因で誤っている場合があるので、専門の科学者は、最初に報告されたデータや従来の見方を覆す斬新な学説を、すぐには信用しない。後続研究によって当初の主張と一致する結果が得られ、信頼性が高いと認められて、初めて受け容れるのがふつうである。たとえ、学界の権威とされる著名研究者が発表したデータであっても、必ず後続研究を行って、データの正しさを確認する（巨大な実験施設を必要とする場合は、プロジェクトに参画する研究者同士の検討に委ねることもある）。

それでは、専門知識を持たない一般の人は、誤った学説をうっかり信じないようにするために、何を判断の手がかりとすれば良いのだろうか。ここでは、学説が信頼できるための要件として、いくつかのポイントを列挙したい。

（1）後続研究が行われているか？

科学の世界では、一つの論文で学説が完結することはあり得ない。後続研究を通じて、信頼できる学説に練り上げられるか、ダメ学説として見捨てられるかが決まる。したがって、ある学説が信頼できるかどうかは、後続研究がどれほど行われるかに密接に関係する。

多くの科学者、特に若手の非常勤研究員や大学院生は、自分の人生を決定づける可能性もあるため、研究に値するテーマを真剣に探している。好奇心が旺盛で専門的な知識も豊富な彼らは、将来性のある研究成果に敏感である。ものになりそうな学説が発表されたときには、ほとんどの場合、誰かが後続研究に着手する。セラミックス超伝導体のときも、いくつかの大学で、主に学生に与える課題として後続研究が行われた。

科学ニュースなどで画期的な新説として報じられたものでも、後追い記事が全く出ないならば、後続研究が始まらなかったということである。好奇心と知識を備えた研究者が目を向けなかったのだから、その学説は見捨てられたと考えて良いだろう。

後続研究によって、先行学説の内容を肯定するポジティブな結果が得られると、ほかの研究者も関心を寄せるようになり、学界で次第に研究の輪が拡がっていく。

それでは、一般の人は、どの段階で最先端学説に目を向けるのが適当なのだろうか？ 個人的なかかわりを持つ場合でなければ、後続研究でポジティブな結果が出され、学界でのムーブメントが始まった頃に関心を向けても、遅くはない。iPS細胞のケースを紹介したい。

再生医療の切り札的存在とされるiPS細胞について最初にマスコミで報じられたのは、2006年6月のことである。京都で開催中の国際生化学・分子生物学会議で、山中伸弥が発表した内容を伝えるものだが、その扱いはあまり大きくない。（大新聞の中では科学・技術分野の扱いが比較的しっかりしている）日本経済新聞では、テクノロジーのページで「皮膚細胞をES細胞に」という3段見出しを付けて紹介している。記事の内容は、マウスの尾から採取された皮膚細胞に4つの遺伝子をウィルスで挿入し、さまざまな細胞に分化する機能を持った〝万能細胞〟を作成したという事実説明のみ。派手な報道が行われなかったのは、どの程度の将来性があるか、この時点で科学ジャーナリストにも読み切れなかったためだろう。

細胞を培養して心筋や神経細胞などの生体組織を作り、これを移植することで傷んだ組織を甦らせる「再生医療」は、ヒトES細胞株が作成された1998年頃から急速に注目を集めていた。

ES細胞（胚性幹細胞）とは、さまざまな組織に分化する能力を持った万能細胞だが、受精卵を少し成長させた胚を破壊して作らなければならず、倫理的な問題がある。また、他人の細胞であるため、移植したときの拒絶反応が避けられない。こうした問題を回避できれば、再生医療の実用化に向けた画期的な成果になる――そうした思惑から研究者の間で競争が激しくなり、皮膚や脂肪組織から万能細胞を作成したという報告が次々となされた。しかし、後になって、その多くが実験ミスであり、特定の組織に分化する能力しかない細胞（いわゆる体性幹細胞）を万能細胞と誤認していたことが判明した。

患者のクローン胚を作成し、そこからＥＳ細胞を作れば、拒絶反応のない再生医療が可能になる。しかし、２００５年、この分野で世界最先端を走っていると思われた研究の成果が捏造だったと判明した（ヒトのクローン胚からＥＳ細胞を作る実験は、２０１２年に成功したとの報告があったが、クローン人間作成につながるという恐れからか、研究はあまり進んでいない）。こうした出来事が重なったため、報道する側も慎重にならざるを得なかったようだ。

山中は、ｉＰＳ細胞に関する論文を、２００６年8月に、生命科学分野で有名な学術誌Cellに発表する。その後しばらく、表面的には大きな動きが見られなかった。しかし、ｉＰＳ細胞に関する後続研究は、世界中で始まっていた。２００７年に入ると、山中の方法を改良したｉＰＳ細胞株の作成に関する論文が、ハーバード大学チームなど複数の研究機関から続々と発表される。特に、ヒトのｉＰＳ細胞の作成は、ヒトＥＳ細胞株を作ったジェームス・トムソンのチームと山中チームの間で熾烈な競争が繰り広げられた。科学ジャーナリストも、その情報をキャッチしていた。

結局、山中の論文がCell誌（電子版）に発表されたのと同じ２００７年11月21日、トムソンの論文がScience誌に発表され、競争は同着となった（同日発表になるように、出版元が調整したようだ）。このニュースを、日経新聞は1面に4段の見出しで報じ、総合面にかなり詳しい解説記事を掲載した。このときから、ｉＰＳ細胞がマスコミで大きく取り上げられるようになる。

マスコミ報道を通じて一般の人がｉＰＳ細胞に関心を持つのは、最初にマウスでの成果が発表されてから1年半が経過し、ヒトｉＰＳ細胞が作られて以降である。その間に後続研究がなされ、山中の研究の正当性が確認されたわけである。科学ニュースの受容としては、この程度のペースが適当だろう。

一方、社会問題にもなったＳＴＡＰ細胞のケースでは、ｉＰＳ細胞と異なり、実際の研究よりもマスコミ報道が先行したために、事態がこじれてしまった。

ＳＴＡＰ細胞とは、クローンや遺伝子操作によらず、外的刺激だけで万能細胞に変化したとされる細胞。２０１４年1月、理化学研究所（理研）の研究者を中心とするチームが、「マウスの胎児から摘出された脾臓の細胞を弱酸に浸けて外的刺激を与えたところ、万能細胞に変化した」とNature誌に発表した。メインの研究者が若い女性だったこともあって、発表直後からマスコミが飛びつき、世紀の大発見と囃し立てた。日経新聞では、1面に4段見出し、総合面に解説記事と、ヒト-iPS細胞のときとほぼ同じ扱いだった。

しかし、すぐに、論文のおかしな点に批判が相次ぐ。理研は2月に調査委員会を立ち上げ、画像の切り貼りなど2項目の不正があったと認定した。これを受けて、Nature論文は7月に撤回される。引き続き調査が行われ、結局、万能性を示すとされた現象は、以前に別の研究者が作成し、研究所に置きっぱなしにされていたES細胞が混入した結果だと判明した。[26] 混入の原因が故意か過失かは、確定していない。

実は、論文が発表された時点で、多くの研究者はその内容に疑いの目を向けていた（もっとも、iPS細胞やクローン羊ドリーの発表に対しても、疑ってかかった研究者は少なくなかったが）。すでに紹介したように、万能細胞に関しては、これまでにも誤った内容の論文が相当数出回っており、実験ミス（ないし意図的な捏造）が頻繁に起きる分野であることが知られていたからである。ほかの研究者による追試で確認されるまでは、態度を保留しようという動きもあった。

にもかかわらず、マスコミが大騒ぎをしたため、論文の共同執筆者の一人が自殺するなど、きわめて後味の悪い事件になってしまった。科学ジャーナリストは、最先端研究には誤りが多いという実態を踏まえた報道を心がけてほしい。

(2) 充分な数のデータで検証されているか?

科学は客観的なデータに基づいているので、信頼できる——そうした見方もあるが、データそのものが間違っている可能性は、決して小さくない。

2017年のノーベル物理学賞の対象となった重力波検出のように、たった一つのデータが科学史上の重要な業績と見なされる場合もある。しかし、それが可能になるのは、実験を行う以前に、理論的な研究が積み重ねられていたときだけである。重力波に関しては、アインシュタインがその存在を予言して以来、どのようにすれば検出できるか議論が尽くされ、数多くの失敗の末に、巨大な干渉計を用いた装置が開発された。理論家たちは、ブラックホールが合体したときにどんな波形の重力波が放出されるか、シミュレーションを行っていた。干渉計で実際に観測された重力波は、振動数や振幅の変化がこのシミュレーションと見事なまでに一致しており、最初の検出事例でありながら、確実性がきわめて高いと見なされたのである。

このように、実験・観測自体が先行理論に基づく後続研究であるならば、単一のデータでも信頼できることがある。しかし、あるデータに基づいて新たな学説が提唱される場合は、異なる研究者が得たデータによって支持されるまで、信頼性はあまり高くないと心得るべきである。

特に注意を要するのが、多数の母集団から特定のサンプルを選び出して調査したケースである。

たとえ研究者の不正がなくても、選択バイアスなどによって結果が偏っている可能性は、無視できない。ワクチンと自閉症の関連性を調べた研究の場合、12人程度では症例があまりに少なく、たとえ研究者の不正がなかったとしても、あくまで問題提起といった程度の意味しかない。統計的に充分と見なされる数の症例が集まって、初めて主張が信頼できるものとなる。

一般的に言って、複雑な現象に関する学説を確立するには、ふつうの人が「この程度で充分」と思うより遥かに大量のデータが必要である。

送電線からの超低周波が小児白血病の原因になるかどうか、すでに数千の症例を対象とする調査が行われているものの、いまだに白に近いグレーに留まっている。大半のデータは、送電線による磁場が白血病の増加をもたらさないことを示すが、0・4〜0・5マイクロテスラ付近では、小児白血病の発症率が増加している。しかし、この範囲の磁場だけが発ガン性を持つ理論的根拠も動物実験による傍証もなく、範囲を限ったために症例数が不足することから、選択バイアスが生み出した誤差とも考えられる。要するに、まだデータが足りず、後続研究を繰り返す必要があるのだ。

東日本大震災が起きる前は、日本海溝近傍での地震に関して、ある程度の周期的な振る舞いが観測されていた。釜石沖では、過去60年にわたって5年間隔でM5弱の地震が起きており、このデータに基づいて、東北大学の研究チームは、2001年11月の地震を正しく予測することができた。

同じように、三陸沖ではM８、宮城県沖ではM７・５、茨城県沖ではM７の地震が繰り返されており、これからも、その程度の規模の地震が続けて起きると考えられていた。しかし、２０１１年に実際に起きたのは、M８の30倍も巨大なM９の地震で、三陸沖から茨城県沖までの岩盤がいっせいに滑ったのである。巨大地震は、数千年、数万年のスケールで見なければ全貌が捉えられない現象であり、過去数百年程度のデータを調べただけでは、確実なことは何も言えない。

複雑系で起きる現象に関しては、膨大なデータがなければ科学的な議論はできないし、それだけのデータをもってしても、クリアカットな結論が出せないことが多い。健康問題、地震予知、あるいは生態系や気候の変動のような複雑系がかかわるテーマについて、いくつかの具体例を基に一般論を展開する論者がいても、うかつに信じない方が無難だろう。

(3) 学説が発表されたのは、有力な学術誌か？

学説の公表そのものを差し止めるような検閲は行うべきではないが、個々の学術誌が論文の掲載を行うかどうかは、発行元のポリシーに基づいて決めてかまわない。学術誌によっては、(第２章のQ&Aにも記したように) 同じジャンルの研究者による査読 (ピアレビュー) が行われ、掲載の可否が決定される。特に、Science誌やNature誌のような有力誌のピアレビューは厳しい。

もちろん、ピアレビューも完璧ではない。ワクチンと自閉症の関係についての論文が、世界五大医学誌の一つに数えられるLancet誌に掲載されたことからもわかるように、誤った内容の論文が厳しいピアレビューのある有力誌に掲載される場合もある。実験・観測データに関しては、理論的にありそうもない現象であっても、実験や観測の手順が通常の科学的な研究手法に則っていれば、あえてデータの捏造を疑うことはせず掲載を認めるのがふつうだからである。しかし、ピアレビューのない（あるいは、掲載基準の緩い）学術誌に比べると、有力誌に掲載された論文の信頼性は、格段に高い。

ついでに言っておくと、ノーベル賞級の研究成果が査読で〝落選〟することもある。実際、後にノーベル賞の対象となったマレー・ゲルマンによるクォークについての論文は、Physical Review誌の査読者によって掲載が見送られた。

一般の人は、「学会で講演する」ことが重大事のように思うだろうが、多くの学会では、会員は講演による研究発表を行う権利を持つとされ、特別の事情がない限り、講演を拒否されることはない。また、書籍は、必ずしも専門家ではない編集者を中心とする出版社側の意向に基づいて出版されるので、学問的な正しさが保証されるわけではない（学会が中心になって編集された教科書の場合は、かなり信頼できる）。

学術誌への掲載を迂回して、いきなりマスコミ向けの発表を行うケースには、注意すべきだろう。その良い例が、1989年、常温で水素の核融合が起きたという報告を巡る、いわゆる「常温核融合」騒ぎである。このときの発表は、学会講演や学術誌への投稿ではなく、最初からマスコミ向けに行われたため、新聞やテレビなどで大きく取り上げられ、社会的な騒動となった。だが、多くの科学者は、「最初の報告がマスコミ向け」という時点で疑ってかかったはずである。結局、ほかの研究者が行った追試で、報告されたような現象は観測されず、現在では、実用的なエネルギー源となる規模の常温核融合は起きないと結論されている。

(4) 総合報告が執筆されているか?

科学的な研究の多くは、ごく限られた対象に関するもので、先行する学説の検証や異なる分野への応用のような、個別的な内容しか持たない。議論の内容を緻密かつ正確にする上で、範囲を限った方が確実だからである。だが、こうした個別的な研究だけでは、専門家にとっても見通しが悪く全体像が捉えにくい。

そこで、ある程度まで研究の蓄積がなされると、その分野で中心的な役割を果たす科学者に、有力な学術誌から総合的な解説の執筆が依頼される。こうした総合報告やレビュー論文は、信頼性が高い。さらに、有力誌に総合報告が発表されたこと自体が、その分野が成熟し定説が確立されつつあることを示す指標となる。

ただし、信頼できるのは、有力な学術誌に掲載された場合に限る。書籍として出版される論説は、あるジャンルをカバーする総合的な内容であっても、学界の一般的な見解でないことが少なくない。科学ジャーナリストには〝新しもの好き〟が多く、総合報告の内容を一般の人に伝えることにあまり熱心になれないようだ。だが、総合報告こそが、学問の状況を的確にまとめた知識の宝庫であり、その内容をかみ砕いて紹介することは、科学ジャーナリストの重要な使命だろう。

地球温暖化の主張はなぜ信頼できるのか

科学的な主張が誤っていたことは、数知れない。しかし、その多くは、もともと、信頼できるための要件を備えていなかったものである。「送電線が小児白血病の原因になる」というウェルトハイマーの主張は、New Yorker誌で取り上げられて大きな反響を呼び起こしたものの、フィールドワークに基づく最初のデータであり、正当かどうか判断を下すには、後続研究を待つ必要があった。ラスムッセン報告書は、アメリカ原子力委員会が多額の資金を投入して行った研究成果で、いかにも権威がありそうに見える。だが、原子力発電所の安全性評価に確率的な事故シークエンス解析を用いた初めてのケースなので、やはり、後続研究で正当性を検証すべきものだった。

一方、科学的な主張に誤りが多くあるからと言って、科学そのものに懐疑的になると、重要な案件に関して大きな考え違いをすることになりかねない。信頼できる学説も無数にあり、それを踏まえて社会的な施策を立案しなければ、将来に禍根を残す結果になるだろう。地球温暖化の主張は、そうした信頼できる学説の一つである。

地球温暖化とは、人間の活動を通じて大気中に放出された温室効果ガスによって、大気や海洋の平均温度が百年を超えるタイムスパンで上昇し続ける気候変動を指す。この気候変動は、人間社会に深刻な悪影響を与えるリスク要因である。ところが、温暖化対策として化石燃料の消費を抑制する必要性があるため、一部の経済人から強い反発が出ており、地球温暖化説そのものが誤りだと主張する人も現れた。

こうした状況があるので、地球温暖化の主張が本当に信頼できるのか、改めて確認しておいた方が良いだろう。前節で掲げた「信頼できるための要件」に即して、見ていきたい。

（1）後続研究はきわめて盛んである

温室効果ガスの蓄積によって平均気温が上昇する可能性のあることは、19世紀から知られており、石炭の使用に伴う二酸化炭素の増大を危惧する科学者も現れた。しかし、実際のデータを見ると、世界の平均気温は単調に上昇していない。1950～60年代には、いったん低下する傾向が見られる。この時期は、「工業活動で排出された塵が日照を遮って、地球寒冷化が進む」と心配する人が多かった。1980年代後半になると、アメリカで猛暑が続いたせいもあって、一転して温暖化を憂える意見が多くなる。しかし、2000年代に入ると、気温の上昇が止まったように見え、それとともに、地球温暖化は起きていないという意見が増えた。

このように、世界の平均気温は、単調に上昇するのではなく、かなり複雑に変化している。本当に地球温暖化が進行しているかを論じるには、日照と放熱のエネルギー収支だけでなく、気候変動に関与するさまざまな要因について調べなければならない。多くの分野にまたがった学際的な研究が必要となるため、世界気象機関と国連環境計画が共同で設立した国際的組織「気候変動に関する政府間パネル（IPCC）」を中心に、多数の科学者が協力しながら議論を深化させている。

例えば、海洋が気温変化にどのように関与するかを解明するだけでも、単なる熱伝導の問題では済まない。海水成分による比重の違いまで考慮した上で、流体力学に基づいて海流の動きを推定し、その結果として、海洋と大気の間でどの程度の熱量がやりとりされるかを求めることになる。海面における風速と蒸発量の関係や、雲の形成に伴う日照の反射など、考えるべきファクターは無数にあり、それぞれの分野における専門的知識が必要となる。数学的なモデルの構築やコンピュータ・シミュレーションも行うので、数理科学者の助力も欠かせない。

第2章では、引用の連鎖によって後続研究がどのように拡がるかを示したが、地球温暖化の場合、引用は単なる連鎖ではなく、さまざまな分野にわたる膨大かつ複雑なネットワークとなる。どれほど膨大かを実感したければ、ＩＰＣＣの報告書（最新のものは２０１３年の第５次評価報告書で、英語版ならネットで閲読できる）[27]における参考文献（reference）のリストを眺めると良いだろう。第１作業部会報告書のイントロダクションだけで、１００を超える参考文献が掲げられている。

（２）多面的なデータで検証されている

地球温暖化が社会問題として議論されるようになった１９８０年代には、温暖化の根拠とされたデータに不確かなものがあることが問題になった。平均気温の上昇は、観測地点周辺で都市化が進んだ結果、ヒートアイランド現象（植生の減少・河川の暗渠化・人工排熱の増加などによって、都市部の温度が周囲に比べて高くなること）がデータに表れただけではないのか、南極で見られる氷床の崩壊は、1万年前に最終氷期が終了して以来、ずっと続いてきたはずだ――などの批判が寄せられた。

こうした批判に答えるために、ＩＰＣＣを中心に、精度を上げたデータの収集が進められた。ヒートアイランド現象の効果が小さくなるように、観測ポイントも見直されている。南極の氷床に関しては、人工衛星が撮影した画像を基に氷の総量を見積もる研究が行われた。21世紀に入ってからの精密な調査では、大陸内部で氷量が増加している場所があるものの、全体としては、減少傾向が見て取れる。

複雑系の振る舞いに関する議論なので、データはいくらあっても足りないが、それでも、個々の批判を反駁するだけのデータは集められている。地球温暖化は、少数の観測地点における気温データに基づいた根拠の不確かな主張ではなく、もはや疑う余地のない客観的な事実と言って良い。

(3) 論文が掲載されるのは有力誌が多い

一般の人は、地球温暖化に関する専門的な文献に目を通すことはせず、テレビやネットで紹介される内容を見るだけだろう。テレビやネットには、温暖化に批判的な意見が少なからず登場するので、温暖化説の根底がグラついていると感じる人がいるかもしれない。

しかし、温暖化の支持者と批判者双方の論文を見比べると、両者の質・量の格差は歴然とする。

IPCCが報告書で引用する論文は、信頼性の高い有力な学術誌に掲載されたものが中心で、その数も膨大である。個々の論文に誤りが含まれることもあるが、これらをいくつも組み合わせれば、誤った主張は相殺され正当な内容に落ち着く。

一方、批判的な主張の多くは、あまり有力でない雑誌や、出版社の意向によって編集される書籍に掲載される。こうした主張に関しては、信頼性が低いと心得るべきである。ネットにしか記されていない意見は、無視してかまわないだろう。

(4) 総合報告が作成されている

地球温暖化については、各地域における気温や海水面の変化、生態系や農業に対する影響など、さまざまな分野にわたる個別的な研究が進められる一方で、これらを総合した報告も作成されている。IPCCによる膨大な報告書もあるが、専門家でなければ到底読み切れるものではない。専門外の人にもわかるような総合報告は、さまざまな学術誌や書籍にまとめられている。信頼できる有力な学術誌に掲載された総合報告は、いずれも地球温暖化に肯定的である。

もっとも、複雑系についての議論なので、確実な予測ができるわけではない。21世紀末に平均気温が何度になるかという問いに対しても、端的な結論は与えられていない。温暖化対策をしない場合のシナリオによると、可能性の高い予測値として2・6〜4・8℃という数値が示されており、一般の人は、もう少し幅を小さくしてほしいと思うだろう。しかし、複雑系である気象についての予測は、本来、不確定性を伴うものであり、この程度の幅があるのはやむを得ない。不確定だから信用できないという見方は、誤りである。

科学とどうつきあうか

科学は、きわめて強大なパワーを持つ。最近でも、深層学習によるAIやゲノム編集によるDNA改変のように、社会に大きな影響力を持つ科学技術が開発されている。それをどのように使うべきかは、専門の科学者だけでなく、一般の市民も、常日頃から考えることが大切なはずだ。にもかかわらず、科学に関する理解は、かなり未熟な段階にとどまっているように見える。単に、科学的な知識に欠けるということではない。「科学とは何か」についての根本的な理解が不充分なのである。

本書では、「科学とは方法論である」という立場を一貫させてきた。科学の方法論は、ある意味で、きわめてシンプルである。まず、何らかの帰結が導けるような学説を提出する。ここで重要なのは、その学説が正しいと信じているか否かにかかわらず、演繹的な推論が行えることである。後は、その帰結に関してさまざまなデータを基に検討し、正しそうな学説を選び出し練り上げていく。科学がこのような方法論に基づくことを心得ていれば、科学的な議論は常に正確だと無批判に受け容れたり、逆に科学者の言うことは信用できないと反発することはなくなるだろう。科学はしばしば誤るが、それでも、定説として体系に組み込まれた学説の信頼性は、きわめて高い。

科学を、必要なときに知識を提供してくれる一種のデータベースとして利用するのは、かまわない。しかし、それだけのものと決めつけると、科学が持つパワーの源泉が何かを見誤ることになる。科学的方法論は、単に自然現象を解明するのに役立つばかりでなく、物事を深く理解しようとするとき、大いに助けとなるだろう。科学のこうした実態を理解することが、真の科学リテラシーなのである。

おわりに

本書を執筆するに当たってつくづく感じたのは、ネットのありがたさである。

かつては、論文を入手するだけでヘトヘトになった。大学の講義でアルヴァレズらによる小惑星衝突説の論文が必要になった際には、国会図書館に出向いたものの、コピーを取るのに半日を要した。まず蔵書目録をめくって掲載誌が館内にあることを確認、資料番号を記した請求票を手に、閲覧申請の行列に並ぶ。申請してから何十分か経つと、漸く書庫から取り出してもらった雑誌を受け取れる。該当論文が掲載されたページの前後に栞を挟んで、今度はコピー申請の行列に並ぶ。再び数十分（ときには数時間）を経て、やっとコピーが手に入る。古い論文を読もうとするときには、いつもこんな苦行を強いられた。

今では、重要な論文の大半がネットで手に入る（論文1編が何十ドルという高い有料サービスもある）。オリジナルを読むのは困難だと思っていたラスムッセン報告書や、送電線と白血病の関係を論じたウェルトハイマーらの論文も、ネットで見つかった。

多数の論文をざっと読むときには、ネット上の翻訳サービスが便利だ。専門的な文献の自動翻訳は、数年前まで全く使い物にならなかったのに、現在では、グーグルによる無料の翻訳サービスでも、専門用語までかなり正確に訳してくれる（大外れの場合もあって笑えるが）。画像ファイルの形でアップロードされている古い論文は、英語ならば、無料のOCRソフトを使って直ちにテキストに変換できる。

「科学とは何か」を巡る書籍は少なくないが、科学研究の実態を理解した上で書いたのか疑問に感じるものも目につく。研究がどのように行われたかを見極めるには、原論文をきちんと読み込むことが不可欠なのに、どうもその作業を怠ったとしか思えない。論文の閲読がこれほど簡単になった現在だからこそ、論文に記された具体的内容に基づく科学論が、もっと盛んになってほしいものである。

吉田 伸夫

のウェブサイトMediChannelより）
(16) 里内美弥子ほか「未治療の非小細胞肺癌患者に対するゲフィチニブとカルボプラチン・パクリタキセルの第III 相国際共同試験(IPASS)の全生存期間最終解析」Japanese Journal of Lung Cancer 52 : 153-160 (2012).
(17) N. C. Rasmussen et al., "Reactor Safety Study: An Assessment of Accident Risks in U.S. Commercial Nuclear Power Plants" [NUREG-75/014 (WASH-1400)] (1975).
(18) 柳田邦男著『恐怖の2時間18分』（文藝春秋 1983）
(19) N. Wertheimer and E. Leeper, "Electrical wiring configurations and childhood cancer" American Journal of Epidemiology 109 : 273-284 (1979).
(20) WHO 環境保健クライテリア・モノグラフ第238 巻「超低周波電磁界」(2007)
(21)「ワクチンの最新情報公開へ　子宮頸がんで厚労省」（日本経済新聞電子版 2017/12/27）
(22) A. J. Wakefield et al., "Ileal-lymphoid-nodular hyperplasia, non-specific colitis, and pervasive developmental disorder in children" THE LANCET 351 : 637-641 (1998), RETRACTED (2010).
(23) S. O. リリエンフェルド／H.アルコビッツ著「自閉症の急増は本当か？」日経サイエンス 2008年06月号 89-91ページ
(24) Brian Deer, "How the case against the MMR vaccine was fixed" BMJ 2011; 342: c5347.
(25) H.Honda et al., "No effect of MMR withdrawal on the incidence of autism: a total population study" Journal of Child Psychology and Psychiatry 46 : 572-579 (2005).
(26)「特集　STAPの全貌」日経サイエンス 2015年03月号 34-53ページ
(27) IPCC, "Fifth Assessment Report (AR5)" http://www.ipcc.ch/report/ar5/ .

参考文献

(1) L. W. Alvarez, W. Alvarez, F. Asaro, and H. V. Michel, "Extraterrestrial cause for the Cretaceous Tertiary extinction" Science 208 : 1095-1108 (1980).

(2) トマス・クーン著『科学革命の構造』(中山茂訳、みすず書房 1971)

(3) カール・ポパー著『科学的発見の論理　上・下』(大内義一・森博訳、恒星社厚生閣 1971-72)

(4) I. Wilmut, A. E. Schnieke, J. McWhir, A. J. Kind, and K. H. S. Campbell, "Viable offspring derived from fetal and adult mammalian cells" Nature 385 : 810-813 (1997).

(5) Motoo Kimura, "Evolutionary Rate at the Molecular Level" Nature 217 : 624-626 (1968).

(6) 木村資生「集団遺伝学に基づく分子進化序説」(木村資生編『分子進化学入門』(培風館 1984) 所収)

(7) Tomoko Ohta, "The Nearly Neutral Theory of Molecular Evolution" Annual Review of Ecology and Systematics 23 : 263-286 (1992).

(8) アンドリュー・パーカー著『眼の誕生――カンブリア紀大進化の謎を解く』(渡辺政隆訳、草思社 2006)

(9) Mario J. Molina and F. S. Rowland, "Stratospheric sink for chlorofluoromethanes: chlorine atom-catalysed destruction of ozone" Nature 249 : 810-812 (1974).

(10) J. G. Anderson et al., "UV Dosage Levels in Summer: Increased Risk of Ozone Loss from Convectively Injected Water Vapor" Science 337 : 835-839 (2012).

(11) レイチェル・カーソン著『沈黙の春』(青樹簗一訳、新潮文庫 1974)

(12) "WHO gives indoor use of DDT a clean bill of health for controlling malaria" WHO media centre, News releases : 15 September 2006.

(13) "Malaria" WHO media centre, Fact sheet : Updated November 2017.

(14)「カタクチイワシの8割からプラごみ　東京湾で、国内初」(日本経済新聞電子版　2016/4/9)

(15)「イレッサ錠250 添付文書」2015年1月改訂 (第24版) (アストラゼネカ

著者プロフィール

吉田 伸夫［よしだ のぶお］

1956年、三重県生まれ。東京大学理学部物理学科卒業、同大学院博士課程修了。理学博士。専攻は素粒子論（量子色力学）。科学哲学や科学史をはじめ幅広い分野で研究を行っている。
著書に『明解 量子重力理論入門』『明解 量子宇宙論入門』『完全独習 相対性理論』『宇宙に「終わり」はあるのか』（講談社）、『宇宙に果てはあるか』『光の場、電子の海 量子場理論への道』『思考の飛躍 アインシュタインの頭脳』（新潮社）、『日本人とナノエレクトロニクス』『素粒子論はなぜわかりにくいのか』『量子論はなぜわかりにくいのか』（技術評論社）などがある。

著者ホームページ『科学と技術の諸相』
URL：http://www005.upp.so-net.ne.jp/yoshida_n/

科学《かがく》はなぜわかりにくいのか
〜現代科学《げんだいかがく》の方法論《ほうほうろん》を理解《りかい》する

2018年4月28日　初版　第1刷発行

著　者　吉田《よしだ》 伸夫《のぶお》
発行者　片岡 巌
発行所　株式会社技術評論社
東京都新宿区市谷左内町21-13
電話　03-3513-6150　販売促進部
03-3267-2270　書籍編集部

印刷／製本　株式会社 加藤文明社

定価はカバーに表示してあります。

造本には細心の注意を払っておりますが、万一、乱丁(ページの乱れ)や落丁(ページの抜け)がございましたら、小社販売促進部までお送りください。
送料小社負担にてお取り替えいたします。

●ブックデザイン　大森裕二
●カバーイラスト　大片忠明
●本文DTP　BUCH^{+}

ISBN978-4-7741-9650-3 C3055
Printed in Japan